工业和信息化部"十四五"规划教材

名校名师精品系列教材

Spring Boot
Project Development Tutorial

Spring Boot
项目开发教程

慕课版

U0100835

闫枫｜主编

张静｜副主编

眭碧霞｜主审

人民邮电出版社

北 京

图书在版编目（CIP）数据

Spring Boot项目开发教程：慕课版 / 阎枫主编
. -- 北京：人民邮电出版社，2022.9
名校名师精品系列教材
ISBN 978-7-115-54685-2

Ⅰ．①S… Ⅱ．①阎… Ⅲ．①JAVA语言－程序设计－
教材 Ⅳ．①TP312.8

中国版本图书馆CIP数据核字（2022）第043644号

内 容 提 要

本书以企业实际工程应用项目"某公司资产管理系统"为基础，采用任务驱动、案例教学的理念设计并组织内容。全书共 9 个单元，内容包括 Spring Boot 开发入门、Spring Boot 核心配置、Spring Boot 和数据库操作、Spring Boot 与 Web 项目开发、Spring Boot 数据缓存管理、Spring Boot 消息队列、Spring Boot 安全机制、Spring Boot 任务管理、Spring Boot 项目发布及部署。每个单元包括若干任务，读者可以通过一个个任务的实现循序渐进地掌握 Spring Boot 与各种技术的整合，培养利用所学技术解决实际问题的能力，提高实践动手能力和知识应用能力。

本书附有配套课程标准、教学设计、授课 PPT、微课视频、源码、习题等数字化学习资源，读者可登录人邮教育社区（www.ryjiaoyu.com）获取相关资源。

本书可作为高等院校软件技术专业的教材或教学参考用书，也可作为从事计算机软件开发和工程应用的技术人员的参考用书。

◆ 主 编 阎 枫
　 副 主 编 张 静
　 主 审 眭碧霞
　 责任编辑 刘 佳
　 责任印制 焦志炜
◆ 人民邮电出版社出版发行　　北京市丰台区成寿寺路 11 号
　 邮编 100164　电子邮件 315@ptpress.com.cn
　 网址 https://www.ptpress.com.cn
　 天津千鹤文化传播有限公司印刷
◆ 开本：787×1092　1/16
　 印张：16.5　　　　　　　　　　2022 年 9 月第 1 版
　 字数：407 千字　　　　　　　　2022 年 9 月天津第 1 次印刷

定价：59.80 元

读者服务热线：(010)81055256　印装质量热线：(010)81055316
反盗版热线：(010)81055315
广告经营许可证：京东市监广登字 20170147 号

前 言 PREFACE

Spring Boot 以其"约定优于配置"的设计理念、"开箱即用"的依赖模块，获得广大程序员和编程爱好者的关注和使用，在快速开发应用程序和微服务架构实践中得到广泛应用。Spring Boot 相关课程作为软件技术专业的核心课程，具有综合性、实践性、应用性等特征，旨在培养学生的知识应用能力、实践动手能力和软件开发能力，提升学生的综合素质。

本书是中国特色高水平高职学校和专业建设计划项目中软件技术（软件与大数据技术）专业群教材建设成果之一。本书紧跟行业的新技术、新工艺、新规范，对接软件企业岗位需求，引入企业实际项目和案例资源，以软件工作过程为导向，基于企业实际应用项目"某公司资产管理系统"，采用任务驱动、案例教学的理念设计并组织内容。全书共 9 个单元，内容包括 Spring Boot 开发入门、Spring Boot 核心配置、Spring Boot 和数据库操作、Spring Boot 与 Web 项目开发、Spring Boot 数据缓存管理、Spring Boot 消息队列、Spring Boot 安全机制、Spring Boot 任务管理、Spring Boot 项目发布及部署。每个单元由知识目标、能力目标、任务、拓展实践、单元小结、单元习题等部分组成。任务由"某公司资产管理系统"中的功能模块分解、加工而成，每个任务又包括【任务描述】【技术分析】【支撑知识】【任务实现】4 个部分，任务中融入了 Spring Boot 相关知识点和技能点，由浅入深、循序渐进，使学习者知行合一、学以致用。【任务描述】和【技术分析】部分对每个任务进行描述，并分析要实现任务所需掌握的知识和技能；【支撑知识】部分对任务中所涉及的知识点进行讲解、说明、归纳、总结；【任务实现】部分对任务进行详细分析并给出实现步骤。通过每个单元的拓展实践，让学生在单元任务的基础上进一步提升，引导学生不断拓展和创新。

本书编写组中有 3 名成员为首批国家级职业教育教师教学创新团队骨干成员，他们主持并参与了软件技术专业国家教学资源库建设项目及软件技术江苏省品牌专业建设项目，2 名成员具有丰富的软件企业工作经历和软件项目开发经验。闾枫任本书主编，负责统稿，眭碧霞任本书主审，负责审稿并定稿，张静任本书副主编，蒋卫祥、石云、崔浩参与编写。具体编写分工为：单元 1 由张静编写，单元 2、单元 4 和单元 8 由闾枫编写，单元 3 由蒋卫祥编写，单元 5 和单元 6 由崔浩编写，单元 7 和单元 9 由石云编写。

本书在编写的过程中，引用的企业实际项目得到企业高级工程师赖云和徐良的指导，两位工程师对项目的分解、加工及技术实现提供了宝贵的指导和意见，在此表示衷心感谢。

此外，由于编者水平有限，书中难免存在不足之处，恳请广大专家、读者不吝赐教，给予宝贵意见。

编 者

2022 年 5 月

CONTENTS 目录

单元 ① Spring Boot 开发入门

由 Spring 衍生出来的 Spring Boot，极大地简化了使用 Spring 开发应用程序的过程，成为时下的热点技术。本单元以快速体验 Spring Boot 开发和 Spring Boot 应用程序探究为任务，介绍 Spring Boot 的基础知识、开发环境的搭建、Spring Boot 项目的创建及 Spring Boot 自动配置和 Spring Boot 应用程序的执行流程等相关知识。

知识目标

★ 熟悉 Spring Boot 的特点
★ 了解 Spring、Spring Boot、Spring Cloud 三者的关系
★ 熟悉开发环境的配置参数
★ 了解 Spring Boot 的自动配置和 Spring Boot 应用程序的执行流程

能力目标

★ 能够熟练搭建 Spring Boot 项目的开发环境
★ 能够使用 Maven 创建 Spring Boot 项目
★ 能够使用 Spring Initializer 快速创建 Spring Boot 项目

任务 1.1 快速体验 Spring Boot 开发

【任务描述】

熟练搭建 Spring Boot 项目的开发环境，使用 Maven 或 Spring Initializer 快速创建一个 Spring Boot 项目：某公司资产管理系统 assets-manager。

【技术分析】

慕课 1-1

Spring Boot 简介

- 下载、安装并配置 Maven
- 下载、安装 IDEA 并配置 IDEA 的 Maven 环境
- 使用 Maven 创建 Spring Boot 项目
- 使用 Spring Initializer 快速创建 Spring Boot 项目

【支撑知识】

在 Java EE 开发中，Spring 无疑曾是当之无愧的佼佼者，但随着 Node.js、Ruby、Groovy、PHP、Scala 等脚本语言和敏捷开发渐呈主流之势，使用 Spring 开发应用程序显得十分烦琐，大量的配置文件及与第三方框架的整合，使得开发和部署效率较低。于是，Spring Boot 应

运而生。

1. Spring Boot 简介

Spring Boot 是由 Pivotal 团队在 2013 年开始研发、2014 年 4 月发布第一个版本的全新开源的轻量级框架。它基于 Spring 4.0 设计，初衷是简化使用 Spring 开发应用程序的过程，避免烦琐的配置工作，开发人员使用 Spring Boot 可以只专注于实现应用程序的功能和业务逻辑。

2. Spring Boot 特点

Spring Boot 所具备的特点如下。

（1）约定优于配置

Spring Boot 使用"约定优于配置"的理念，针对企业级应用程序的开发，提供了很多已经集成好的方案，"开箱即用"的原则使得开发人员能做到零配置或极简配置。

（2）创建独立运行的 Spring 应用程序

使用 Spring Boot 可以创建独立运行的 Spring 应用程序，并且基于 Spring 应用程序 Maven 或 Gradle 插件，可以创建可执行的 JAR 包和 WAR 包，使用 java - jar 命令或者在项目的主程序中执行 main 方法可以运行 Spring Boot 应用程序。

（3）内嵌 Servlet 容器

Spring Boot 可以选择内嵌 Tomcat 或 Jetty 等 Servlet 容器，无须以 WAR 包形式部署应用程序。

（4）提供 starter 简化 Maven 配置

Spring Boot 提供了一系列自动配置的 starter 项目对象模型（Project Object Model，POM）以简化 Maven 配置，高度封装，实现开箱即用。

（5）自动配置 Spring

Spring Boot 可以尽可能地根据在类路径中的 JAR 包，为 JAR 包里的类自动配置 Spring 中的 Bean，极大地简化项目的配置。而对于少部分没有提供支持的开发场景，Spring Boot 可以自定义自动配置功能。

（6）准生产的应用监控

Spring Boot 提供了一个准生产环境下的监控和管理功能模块，可以使用 HTTP、SSH、Telnet 等协议来进行操作，对运行的项目进行管理、跟踪和监控。

（7）无代码生成和 XML 配置

Spring Boot 不是借助代码生成来实现的，而是通过条件注解来实现的，这是 Spring 4.x 提供的新特性，Spring Boot 不需要任何 XML 配置即可实现 Spring 的所有配置。

3. Spring、Spring Boot 和 Spring Cloud 的关系

（1）Spring

Spring 是于 2003 年兴起的一个开源的轻量级的 Java 开发框架，由罗德·约翰逊（Rod Johnson）开发。它是为了降低企业应用程序开发的复杂度而创建的，主要优势之一就是其分层架构，分层架构允许使用者选择使用某个组件，同时为 Java EE 应用程序开发提供集成的框架。

它提供了一些依赖注入和开箱即用的模块，如 Spring MVC、Spring JDBC、Spring Security、Spring AOP、Spring IoC、Spring ORM 和 Spring Test。这些模块为程序员节省了大量的应用程序开发时间，提高了开发应用程序的效率。

（2）Spring Boot

Spring Boot 是 Spring 的扩展和自动化配置，它省去了在 Spring 中需要进行的 XML 文件配置过程，使得开发过程变得更快、更高效、更自动化。

（3）Spring Cloud

Spring Cloud 是一套分布式服务治理框架，主要用于开发微服务。它本身不提供具体功能性的操作，只专注于服务之间的通信、熔断和监控等。它利用 Spring Boot 的开发便利性巧妙地简化了分布式系统基础设施的开发过程，如服务发现注册、配置中心、消息总线、负载均衡、熔断器、数据监控等，都可以用 Spring Boot 的开发风格做到一键启动和部署。

微服务是可以独立部署、水平扩展、独立访问的服务单元。Spring Cloud 是这些微服务的"首席技术官"（Chief Technology Officer，CTO），它可以提供各种方案来维护整个生态。

（4）三者的关系

综上所述，Spring Cloud 通过 Spring Boot 来开发微服务，而 Spring Boot 依赖 Spring，它是 Spring 的自动化配置。

慕课 1-2

任务 1.1 分析与实现之环境搭建

【任务实现】

本书对 Spring Boot 2.x 进行讲解，建议配置 JDK8 及以上版本。JDK 工具可以在 Oracle 官网上免费下载。下载并安装 JDK 后，再配置 JDK 的环境变量，具体步骤相信大家在学习 Java SE 基础时就已经掌握，因此不赘述（本书选用 Windows 10 操作系统）。

1. 搭建开发环境

Apache Maven（以下简称 Maven）是一个软件项目管理工具，它基于 POM 的理念，通过一段核心描述信息来管理项目的构建过程、报告和文档信息。

（1）下载、安装及配置 Maven

① 下载并安装。

- 打开 Maven 的官网。
- 单击左侧导航栏中的 Download 列表（本书编写时 Maven 的最新版本为 3.8.1），选择"apache-maven-3.8.1-bin.zip"下载文件，如图 1-1 所示。

Files

Maven is distributed in several formats for your convenience. Simply pick a ready-made binary distribution archive and follow the installation instructions. Use a source archive if you intend to build Maven yourself.

In order to guard against corrupted downloads/installations, it is highly recommended to verify the signature of the release bundles against the public KEYS used by the Apache Maven developers.

	Link	Checksums	Signature
Binary tar.gz archive	apache-maven-3.8.1-bin.tar.gz	apache-maven-3.8.1-bin.tar.gz.sha512	apache-maven-3.8.1-bin.tar.gz.asc
Binary zip archive	apache-maven-3.8.1-bin.zip	apache-maven-3.8.1-bin.zip.sha512	apache-maven-3.8.1-bin.zip.asc
Source tar.gz archive	apache-maven-3.8.1-src.tar.gz	apache-maven-3.8.1-src.tar.gz.sha512	apache-maven-3.8.1-src.tar.gz.asc
Source zip archive	apache-maven-3.8.1-src.zip	apache-maven-3.8.1-src.zip.sha512	apache-maven-3.8.1-src.zip.asc

图 1-1　选择 Maven 的下载文件

- Maven 不需要安装，直接将文件解压缩即可使用。编者将其解压到“E:\ apache-maven-3.8.1”目录下。

② 配置。

- 新建环境变量 MAVEN_HOME，变量值为“E:\ apache-maven-3.8.1”，如图 1-2 所示。

编辑系统变量
变量名(N):
MAVEN_HOME
变量值(V):
E:\ apache-maven-3.8.1
浏览目录(D)...
浏览文件(F)...
确定
取消

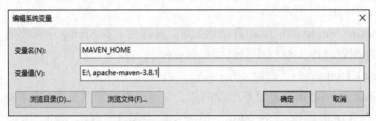

图 1-2　新建环境变量 MAVEN_HOME 并为该变量赋值

- 编辑环境变量 Path，新建并添加变量值“%MAVEN_HOME%\bin”，如图 1-3 所示。

编辑环境变量
C:\ProgramData\Oracle\Java\javapath
%SystemRoot%\system32
%SystemRoot%
%SystemRoot%\System32\Wbem
%SYSTEMROOT%\System32\WindowsPowerShell\v1.0\
%SYSTEMROOT%\System32\OpenSSH\
C:\Program Files\Intel\WiFi\bin\
C:\Program Files\Common Files\Intel\WirelessCommon\
E:\apache-maven-3.6.1-bin\bin
C:\Program Files\MySQL\MySQL Server 8.0\bin
C:\Program Files\Redis\
%JAVA_HOME%\bin
%MAVEN_HOME%\bin
新建(N)
编辑(E)
浏览(B)...
删除(D)
上移(U)
下移(O)
编辑文本(T)...
确定
取消

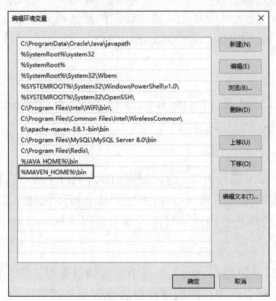

图 1-3　编辑环境变量 Path

- 检查安装情况。

单击“开始”菜单右侧的搜索按钮，在搜索框中输入“cmd”命令，接着在命令提示符窗口输入“mvn - v”。若出现 Maven 版本信息，则说明安装及配置成功，如图 1-4 所示。

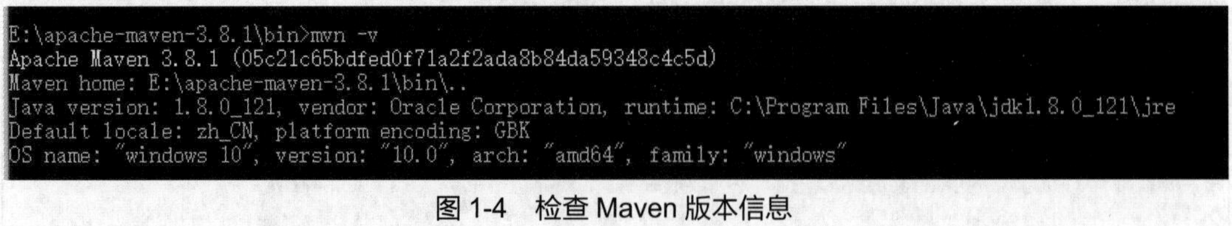

E:\apache-maven-3.8.1\bin>mvn -v
Apache Maven 3.8.1 (05c21c65bdfed0f71a2f2ada8b84da59348c4c5d)
Maven home: E:\apache-maven-3.8.1\bin\..
Java version: 1.8.0_121, vendor: Oracle Corporation, runtime: C:\Program Files\Java\jdk1.8.0_121\jre
Default locale: zh_CN, platform encoding: GBK
OS name: "windows 10", version: "10.0", arch: "amd64", family: "windows"

图 1-4　检查 Maven 版本信息

（2）Maven 中的 pom.xml 文件

Maven 是基于 POM 的理念来管理项目的，因此 Maven 的项目都有一个用来管理项目的依赖及项目的编译等功能的 pom.xml 配置文件。

pom.xml 文件中主要关注以下标签。

① <dependencies></dependencies>标签。

此标签包含项目依赖需要使用的多个<dependency></dependency>标签。

② <dependency></dependency>标签。

标签主要包括 3 个子标签，也称为 3 个坐标。

- ：组织的唯一标识。
- ：项目的唯一标识。
- ：依赖或项目的版本号。

③ 标签。

若要使用自定义的变量，则可以在标签中对变量进行定义，以便在标签中引用该变量，达到统一版本号的目的。

例如，要定义 Java 的版本，可以通过如下代码实现。

```
<properties>
    <java.version>1.8</java.version>
    <spring.version>5.3.6.RELEASE</spring.version>
</properties>
<dependencies>
    <dependency>
      <groupId>org.springframework</groupId>
      <artifactId>spring-core</artifactId>
      <version>${spring.version}</version>
    </dependency>
</dependencies>
```

（3）配置 Maven 国内仓库

Maven 中心仓库在国外的服务器中，因此国内用户使用 Maven 仓库一般会面临速度极慢的情况。为此，部分国内公司提供了 Maven 中心仓库的镜像，可以通过修改 Maven 配置文件中的<mirror></mirror>标签来设置镜像仓库。

进入 Maven 安装目录下的 conf 目录，打开 settings.xml 文件，找到<mirror></mirror>标签，以设置阿里云镜像仓库为例，添加如下代码。

```
<mirror>
    <id>alimaven</id>
    <name>aliyun maven</name>
    <url>http://maven.aliyun.com/nexus/content/groups/public/</url>
    <mirrorOf>central</mirrorOf>
</mirror>
```

（4）安装开发工具 IDEA 及插件

Spring Boot 的开发工具主要有 Eclipse 和 IDEA。IDEA 功能强大，对开发人员非常友好，使用起来非常方便，可以帮助开发人员高效地开发应用程序，并且智能提示功能非常强大，因此本书选择 IDEA 作为开发工具。

① 下载并安装。

- 打开 IDEA 官网，下载最新的 IDEA 免费版。

- 双击下载完成的安装程序，按照提示一步一步单击"Next"按钮，注意在提示选择 JDK 安装位置时，请选择自己的 JDK 位置，最后单击"Finish"按钮完成安装。

② 配置 IDEA 的 Maven 环境。

打开 IDEA，单击"File→Settings"，在弹出的对话框中单击"Maven"，即可在右侧界面中设置 Maven 路径，如图 1-5 所示。

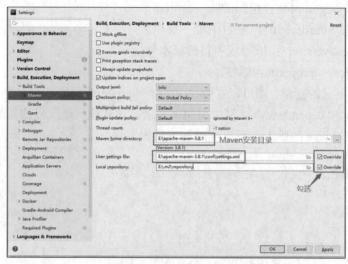

图 1-5 设置 Maven 路径

③ 安装插件 Lombok。

通过使用 Lombok 提供的注解，可简化冗长的 Java 代码。

例如，在下述代码中，通过 Lombok 注解@Getter、@Setter 设置属性的 getter 和 setter 方法，代码中无须再为每个属性配置这一对方法，达到简化代码的目的。

```java
import lombok.Getter;
import lombok.Setter;
@Getter
@Setter
public class User{
    private String no;
    private String password;
}
```

Lombok 注解及对应功能如表 1-1 所示。

表 1-1 Lombok 注解及对应功能

序号	注解	功能
1	@Data	自动生成 getter/setter、toString、equals、hashCode 方法，以及不带参数的构造方法
2	@NonNull	帮助处理 NullPointerException
3	@CleanUp	自动管理资源，不用在 finally 中添加资源的 close 方法
4	@Getter/@Setter	自动生成 getter/setter 方法

续表

序号	注解	功能
5	@ToString	自动生成 toString 方法
6	@EqualsAndHashcode	从对象的字段中重写 equals 和 hashCode 方法
7	@NoArgsConstructor/ @RequiredArgsConstructor/ @AllArgsConstructor	自动生成无参/部分参数/全部参数的构造方法
8	@Value	用于注解 final 类
9	@Builder	产生复杂的构建器 API 类
10	@SneakyThrows	用于处理异常
11	@Synchronized	同步方法的转化
12	@Log	支持使用各种日志（logger）对象。只需在使用时用对应的注解进行标注，比如使用 Log4j 作为日志库，则在需要加入日志的位置写上注解 @Log4j 即可

安装 Lombok 比较简单，步骤如下。

• 打开 IDEA，单击 "File → Settings"，在弹出的对话框中单击 "Plugins"，在右侧的搜索框中输入 "Lombok"，在下方的搜索结果中单击 Lombok 右侧的 "install" 按钮完成安装。安装完成后，需要重启 IDEA。

• 添加依赖。

安装好 Lombok 后，在启用它时需要添加相关的依赖，在项目的 pom.xml 文件中添加如下代码。

```
<dependency>
    <groupId>org.projectlombok</groupId>
    <artifactId>lombok</artifactId>
</dependency>
```

如果在创建项目的过程中勾选了 "Lombok 依赖"，则项目会自动添加 Lombok 依赖。

2. 使用 Maven 创建 Spring Boot 项目

本书将以某公司资产管理系统为项目载体进行讲解。

（1）创建 Maven 项目

单击 IDEA 欢迎页（若是首次打开 IDEA，会进入欢迎页）中的 "Create New Project"，或者单击 "File→New→Project"，打开图 1-6 所示的 "New Project" 对话框。

在图 1-6 中，左侧列表中列出了所有可以选择创建的项目类型，如 Spring 项目、Android 项目、Spring Initializer 项目（即 Spring Boot 项目）、Maven 项目等；右侧是不同类型项目对应的设置界面。此处，单击左侧的 "Maven"，右侧选择当前项目的 Project SDK（本项目为 Java 1.8），接着单击 "Next" 按钮，在对话框中填写创建项目的信息，如图 1-7 所示。

在图 1-7 中，Name 用于指定项目名称；GroupId 表示组织 ID，一般分为两个字段，包括域名和公司名；ArtifactId 表示项目唯一标识符，一般和

慕课 1-3

任务 1.1 分析与实现之使用 Maven 创建 Spring Boot 项目

项目名称相同；Version 表示版本号。此处将 Name 和 ArtifactId 设置为 assets-manager，GroupId 设置为 com.chor.young.am，Version 使用默认生成的版本号。单击"Finish"按钮完成项目的创建。

图 1-6 "New Project"对话框

图 1-7 填写创建项目的信息

项目创建完成后，会默认打开创建 Maven 项目生成的 pom.xml 依赖文件，同时在右下角弹出"Maven projects need to be imported"（需要导入 Maven 依赖）的提示框，如图 1-8 所示。提示框中有两个选项："Import Changes"表示导入版本变化，选择该选项只会导入本次变化的依赖；"Enable Auto-Import"表示开启自动导入，选择该选项后续会持续监测并自动导入变化的依赖。此处选择开启自动导入选项"Enable Auto-Import"。

图 1-8 Maven 项目构建初始化界面

至此，一个空的 Maven 项目创建完成，要创建 Spring Boot 项目，还需要进行一些额外的工作。

（2）添加 Spring Boot 相关依赖

在图 1-8 所示的 pom.xml 文件中添加创建 Spring Boot 项目和开发 Web 应用程序对应的依赖，示例代码如下。

```xml
<!--引入 Spring Boot 依赖-->
<parent>
    <groupId>org.springframework.boot</groupId>
    <artifactId>spring-boot-starter-parent</artifactId>
    <version>2.2.5.RELEASE</version>
</parent>
<dependencies>
<!--引入 Web 应程程序开发的依赖启动器-->
<dependency>
    <groupId>org.springframework.boot</groupId>
    <artifactId>spring-boot-starter-web</artifactId>
</dependency>
</dependencies>
```

其中，<parent>标签中添加的 spring-boot-starter-parent 依赖是 Spring Boot 框架集成项目的统一父类管理依赖，添加此依赖后就可以使用 Spring Boot 的相关特性；<version>标签指定 Spring Boot 的版本号是 2.2.5.RELEASE；<dependencies>标签中添加的 spring-boot-starter-web 依赖是 Spring Boot 对 Web 应用程序开发集成支持的依赖启动器，添加此依赖后就可以自动导入 Spring MVC 相关依赖进行 Web 应用程序开发。

（3）编写主程序启动类

在 assets-manager 项目的 java 目录下创建一个名为 com.cg.test.am 的包，在该包下创建一个主程序启动类 AssetsManagerApplication，示例代码如下。

```java
import org.springframework.boot.SpringApplication;
import org.springframework.boot.autoconfigure.SpringBootApplication;
@SpringBootApplication//标记该类为主程序启动类
public class AssetsManagerApplication {
    public static void main(String[] args) {
        SpringApplication.run(AssetsManagerApplication.class, args);
    }
}
```

其中，第 3 行的@SpringBootApplication 注解是 Spring Boot 的核心注解，用于表明当前类是 Spring Boot 项目的主程序启动类。main 方法是整个应用程序的启动入口，方法体中调用 SpringApplication.run 方法启动主程序启动类。

（4）创建用于 Web 访问的请求处理控制类

在 com.cg.test.am 包下创建名为 controller 的包，在该包下创建一个名为 HelloController 的请求处理控制类，并编写一个请求处理方法，代码如下。

```java
import org.springframework.web.bind.annotation.GetMapping;
import org.springframework.web.bind.annotation.RestController;
@RestController//组合注解，等同于 Spring 中@Controller+@ResponseBody 注解
```

```
public class HelloController {
    @GetMapping("/hello")//@RequestMapping(RequestMethod.GET)
    public String hello(){
        return "Hello! Spring Boot";
    }
}
```

上述代码用到了两个注解，其中，@RestController 注解是一个组合注解，等同于 Spring 中@Controller+@ResponseBody 注解，主要作用是将当前类作为控制层的组件添加到 Spring 容器中，同时该类的方法返回 JSON 字符串；@GetMapping 注解等同于@RequestMapping（RequestMethod.GET）注解，主要作用是设置方法的访问路径并限定其访问方式为 GET，此方法的请求处理路径为 "/hello"。

（5）运行项目

运行主程序启动类 AssetsManagerApplication，启动成功后，在控制台上可以看到项目默认启动的端口号为 8080，因此，只要在浏览器上访问 http://localhost:8080/hello，就可以在页面上看到输出的内容 "Hello! Spring Boot"，如图 1-9 所示。至此，一个简单的 Spring Boot 项目创建完成。

图 1-9　运行使用 Maven 创建的 Spring Boot 项目

3. 使用 Spring Initializer 快速创建 Spring Boot 项目

除了前文介绍的使用 Maven 创建 Spring Boot 项目外，也可以使用 Spring Initializer 快速创建 Spring Boot 项目。Spring Initializer 本质上是一个 Web 应用程序，其提供了一个基本的项目结构，可以快速构建一个基础的 Spring Boot 项目，下面介绍具体步骤。

（1）创建 Spring Boot 项目

打开 IDEA，选择 "Create New Project"，或者单击 "File→New→Project"，在弹出的 "New Project" 对话框的左侧选择 "Spring Initializer"，右侧选择当前项目的 Project SDK（本项目为 Java 1.8），在 "Choose Initializer Service URL." 下使用默认的初始化服务地址 https://start.spring.io，如图 1-10 所示。

慕课 1-4

任务 1.1 分析与实现之快速创建项目

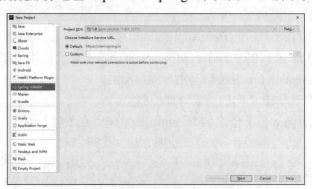

图 1-10　项目类型选择页面

单击"Next"按钮后，出现图 1-11 所示的项目配置信息页面，将 Group 设置为 com.chor.young.am，Artifact 设置为 assets-manager，其余使用默认值。单击"Next"按钮后，出现 Spring Boot 场景依赖选择页面，如图 1-12 所示。

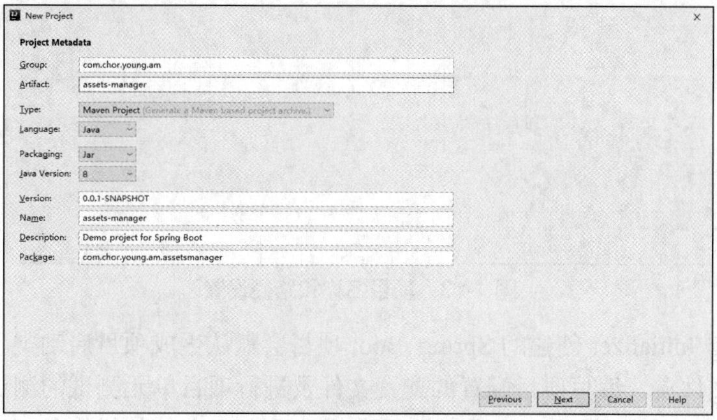

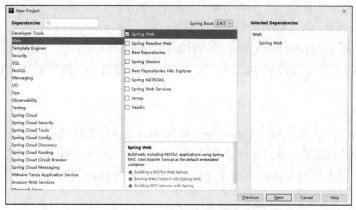

图 1-11　项目配置信息页面

图 1-12　Spring Boot 场景依赖选择页面

图 1-12 所示的 Spring Boot 场景依赖选择页面主要包含 4 部分内容。

① 页面顶部的中间位置可以选择 Spring Boot 版本，默认显示的是最新稳定版本。如果要自定义项目版本号，则需在项目的 pom.xml 文件的对应依赖的<version>标签中指定版本。

② 页面左侧汇总了开发场景。每一个开发场景下包含多种技术实现方案，同时提供多种集成的依赖模块。例如，Web 开发场景下集成了许多关于 Web 应用程序开发的依赖模块。

③ 页面中间展示了开发场景中包含的依赖模块。例如，若选中页面左侧的 Web 开发场景，页面中间会出现其支持的多个依赖模块，包含 Spring Web、Spring Reactive Web 等。

④ 页面右侧展示了已选择的依赖模块。用户选择一些依赖模块后，后续创建的项目会自动导入这些依赖模块。

此处，选择 Web 开发场景下的 Spring Web 依赖。单击"Next"按钮进入下一步，设置项目名称和路径，如图 1-13 所示，Project name 默认与图 1-11 中的 Artifact 一致，Project location 默认使用上次创建/打开项目所在的地址，可以更改，单击"Finish"按钮完成项目创建。

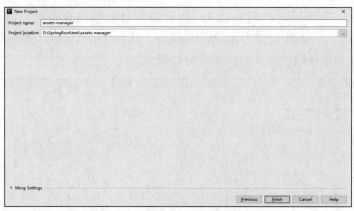

图 1-13　项目名称和路径设置

使用 Spring Initializer 创建的 Spring Boot 项目会默认生成项目启动类、存放前端静态资源和页面的文件夹、编写项目配置的配置文件及进行项目单元测试的测试类。打开项目依赖文件 pom.xml，可以发现，除了自动配置时选择的 Web 依赖模块外，还自动生成了测试类依赖 spring-boot-starter-test、Maven 打包插件 spring-boot-maven-plugin 等。

（2）创建用于 Web 访问的请求处理控制类

在 com.cg.test.am.assetsmanager 包下创建名为 controller 的包，在该包下创建一个名为 HelloController 的请求处理控制类，并编写一个请求处理方法。创建 HelloController 的代码见创建 Maven 项目示例。

（3）运行项目

运行主程序启动类 AssetsManagerApplication，启动成功后，在浏览器上访问 http://localhost:8080/hello，页面上输出的内容为"Hello! Spring Boot"，结果与图 1-9 所示的一致。至此，完成使用 Spring Initializer 创建 Spring Boot 项目。

任务 1.2　Spring Boot 应用程序探究

【任务描述】

了解 Spring Boot 应用程序的执行流程。

【技术分析】

慕课 1-5

项目目录结构
及自动配置

- Spring Boot 应用程序的启动入口
- Spring Boot 应用程序的执行流程

【支撑知识】

1. 项目目录结构

新建好的某公司资产管理系统 assets-manager 的项目目录结构如图 1-14 所示。各目录作用如下。

（1）src/main/java：用于组织项目中的所有 Java 源码及主程序入口 Application（主程序启动类），可以通过直接运行主程序启动类来启动 Spring Boot 应用程序。

（2）src/main/resources：配置目录，该目录用来存放项目的配置文件。由于本项目应用了

Web 模块，因此产生了 static 目录与 templates 目录，前者用于存放静态资源，如图片、CSS、JavaScript 等；后者用于存放 Web 页面的模板文件。application.properties 配置文件用于存放程序中各种依赖模块的配置信息，如服务配置、数据库接连配置等。

（3）src/test：单元测试目录，生成的 ApplicationTests 通过 Junit 4 实现，可以直接运行 Spring Boot 应用程序的测试。

（4）pom.xml：项目依赖文件。

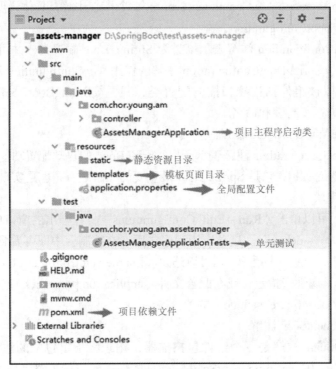

图 1-14　项目目录结构

2. Spring Boot 自动配置

前文介绍了 Spring Boot 应用程序的启动入口是@SpringBootApplication 注解标注类中的 main 方法。@SpringBootApplication 注解是 Spring Boot 的核心注解，能够扫描 Spring 组件并自动配置 Spring Boot，它是一个组合注解，核心源码如下。

```
@Target(ElementType.TYPE)
@Retention(RetentionPolicy.RUNTIME)
@Documented
@Inherited
@SpringBootConfiguration
@EnableAutoConfiguration
@ComponentScan(
    excludeFilters = {
        @Filter(
         type = FilterType.CUSTOM, classes = TypeExcludeFilter.class),
        @Filter(
        type = FilterType.CUSTOM,
```

```
        classes = AutoConfigurationExcludeFilter.class
) }
)
public @interface SpringBootApplication {
    // 略
}
```

从上述源码可知，@SpringBootApplication 注解包含 @SpringBootConfiguration、@Enable-AutoConfiguration、@ComponentScan 这 3 个核心注解，具体说明如下。

（1）@SpringBootConfiguration 注解

@SpringBootConfiguration 注解表示该类为 Spring Boot 配置类，并可以被组件扫描器扫描。由此可见，@SpringBootConfiguration 注解的作用和@Configuration 注解的作用相同，都是标识一个可以被组件扫描器扫描的配置类，只是@SpringBootConfiguration 注解被 Spring Boot 重新进行了封装和命名。

（2）@EnableAutoConfiguration 注解

@EnableAutoConfiguration 注解表示开启 SpringBoot 的自动配置功能，从而减轻开发者搭建环境和配置的负担，它是 Spring Boot 最重要的注解之一，也是实现自动化配置的注解，具有非入侵性。

在 IDEA 中，可以单击“Run→Edit Configurations”，在弹出的窗口中设置“Program arguments”参数为“--debug”。启动应用程序之后，在控制台中即可看到条件评估报告。

如果不需要进行某些自动配置，则可以通过@EnableAutoConfiguration 注解的“exclude”或“excludeName”属性来指定，或在配置文件（application.properties 或 application.yml）中指定“spring.autoconfigure.exclude”的值。

（3）@ComponentScan 注解

@ComponentScan 注解是一个组件包扫描器，用于将指定包中的注解类自动装配到 Spring 的容器 Bean 中。@ComponentScan 注解具体扫描的包的根路径由 Spring Boot 应用程序的主程序启动类所在包的位置决定，在扫描过程中由@AutoConfigurationPackage 注解进行解析，从而得到 Spring Boot 应用程序的主程序启动类所有包的具体位置。

【任务实现】

每个 Spring Boot 应用程序都有一个主程序启动类，其中的 main 方法即启动入口，main 方法通过调用 SpringApplication.run 方法执行整个 Spring Boot 应用程序。

慕课 1-6

任务 1.2 分析与实现

Spring Boot 应用程序的执行流程主要分为 3 个部分：第 1 部分进行 SpringApplication 的初始化，配置一些基本的环境变量、资源、构造器、监听器；第 2 部分实现应用具体的执行方案，包括执行流程的监听模块、加载配置环境模块及核心的创建上下文环境模块；第 3 部分是自动化配置模块。Spring Boot 应用程序的执行流程示意如图 1-15 所示。

（1）SpringApplicationRunListener

SpringApplicationRunListener 是 Spring Boot 应用程序的执行流程中不同执行时间点

事件通知的监听器，一般来说非必要无须程序员实现 SpringApplicationRunListener，即使是 Spring Boot，也只是默认实现了一个类 org.springframework.boot.context.event.Event Publishing RunListener。通过此类，在 Spring Boot 应用程序执行时，不同的时间点会发布不同的应用事件类型 ApplicationEvent。

图 1-15　Spring Boot 应用程序的执行流程示意

```
public interface SpringApplicationRunListener {
    void started();
    void environmentPrepared(ConfigurableEnvironment environment);
    void contextPrepared(ConfigurableApplicationContext context);
    void contextLoaded(ConfigurableApplicationContext context);
    void finished(ConfigurableApplicationContext context, Throwable exception);
}
```

（2）ApplicationContextInitializer 接口

通过 ApplicationContextInitializer 接口，可以在调用 ApplicationContext 的 refresh 方法前，对 ApplicationContext 进行进一步的设置或处理。

```
public interface ApplicationContextInitializer<C extends ConfigurableApplicationContext>
{
        void initialize(C applicationContext);
}
```

（3）ApplicationRunner 接口和 CommandLineRunner 接口

在项目开发过程中，经常需要在 Spring Boot 启动时做一些处理，比如读取配置文件、数据库连接等。为此，Spring Boot 提供了两个接口以实现此需求，分别为 ApplicationRunner 和 CommandLineRunner，它们均有一个 run 方法，程序员只需实现 run 方法即可。

拓展实践

实践任务	资产管理系统的单元测试与热部署
任务描述	单元测试：在实际开发中，每完成一个功能接口或业务方法的编写，通常都会借助单元测试验证该功能是否正确。 热部署：在实际开发中，通常会对一段代码进行反复修改，修改之后往往要重启服务，这极大地降低了应用程序开发效率，进行项目热部署，可解决此问题
主要思路及步骤	1. 在 pom.xml 文件中添加 spring-boot-starter-test 测试依赖启动器； 2. 编写单元测试类和测试方法； 3. 添加 spring-boot-devtools 热部署依赖启动器； 4. IDEA 热部署设置及效果测试
任务总结	

单元小结

本单元主要介绍了 Spring Boot 的优势，以某公司资产管理系统为项目载体完成了开发环境的搭建、配置，讲解了使用 Maven 和 Spring Initializer 创建 Spring Boot 项目的具体操作步骤；简要介绍了 @SpringBootApplication 注解中 @SpringBootConfiguration、@EnableAutoConfiguration、@ComponentScan 这 3 个核心注解的基本含义及 Spring Boot 应用程序的执行流程。

单元习题

一、单选题

1. Spring Boot 使用（　　）的理念，针对企业级应用程序开发，提供了很多已经集成好的方案，"开箱即用"的原则使得开发人员能做到零配置或极简配置。

    A. 自动配置　　　　B. 约定优于配置　　C. 内嵌容器　　　D. 简化配置

2. Pivotal 团队在（　　）的基础上开发了全新的 Spring Boot。

    A. Spring 1.0　　　B. Spring 2.0　　　　C. Spring 3.0　　　D. Spring 4.0

3. Maven 是基于 POM 的理念来管理项目的，因此 Maven 的项目都有一个（　　）配置文件来管理项目的依赖及项目的编译等功能。

    A. pom.xml　　　　B. application.xml　　C. settings.xml　　D. application.yml

4. Lombok 中的（　　）注解用于自动生成 getter/setter、toString、equals、hashCode

方法，以及不带参数的构造方法。

    A. @Getter/@Setter   B. @Data   C. @ToString   D. @Value

5.（   ）注解是 Spring Boot 的核心注解，用于表明当前类是 Spring Boot 项目的主程序启动类。

    A. @SpringBootApplication   B. @SpringBootConfiguration

    C. @EnableAutoConfiguration   D. @ComponentScan

二、填空题

1. Spring Boot 的主要特点有＿＿＿＿＿＿＿、＿＿＿＿＿＿＿＿、＿＿＿＿＿＿＿＿、＿＿＿＿＿＿＿＿、＿＿＿＿＿＿＿＿、＿＿＿＿＿＿＿＿、＿＿＿＿＿＿＿＿。

2. Spring Cloud 是一套分布式服务治理框架，主要用于开发＿＿＿＿＿＿＿＿。

3. main 方法通过调用＿＿＿＿＿＿＿＿执行整个 Spring Boot 应用程序。

4. 通过修改 Maven 配置文件中的＿＿＿＿＿＿＿＿标签来设置镜像仓库。

5. <parent>标签中的＿＿＿＿＿＿＿＿依赖是 Spring Boot 框架集成项目的统一父类管理依赖。

单元 ② Spring Boot 核心配置

Spring Boot 遵循"约定优于配置"的理念，使用自动配置和自定义的 Java 配置类代替传统的 XML 配置方式，在实际开发中，我们只需要写很少的配置即可。本单元以某公司资产管理系统的核心配置为基础，介绍 Spring Boot 的默认配置文件、自定义配置类、引用外部配置文件、多环境配置等相关知识。

知识目标

★ 熟悉 Spring Boot 中两种格式的配置文件
★ 掌握 Spring Boot 的基础注解
★ 了解自定义配置
★ 熟悉多环境配置

能力目标

★ 能够熟练使用两种格式的配置文件对 Spring Boot 进行基础配置
★ 能进行多环境配置
★ 能熟练应用相关注解进行属性值注入
★ 能应用配置相关知识实现某公司资产管理系统的配置

任务 2.1　某公司资产管理系统的基础配置

【任务描述】

使用 Spring Boot 进行项目开发，可以轻松与各种工具、框架集成。这个开发过程离不开对各种配置文件的处理。对于某公司资产管理系统，在开发过程中，除了需要对服务器、数据访问、系统属性等进行配置，还需要对一些默认配置值进行修改。

【技术分析】

Spring Boot 的自动配置使配置文件得到很大的简化。在单元 1 中，快速构建 Spring Boot 项目时，已经使用过默认的配置文件 application.properties。Spring Boot 官网建议使用的配置文件格式为 YAML 格式，YAML 格式的配置文件层次清晰，与 JSON 格式的配置文件很相似，建议项目中使用 YAML 格式的配置文件。

而项目在开发过程中，会有几个不同的环境，如开发、测试、生产等，每个环境的数据库地址、服务器端口等的配置不同，需要通过配置文件，进行多环境的应用配置。

【支撑知识】

1. 默认配置文件

慕课 2-1

默认配置文件

Spring Boot 的自动配置，免除了大部分的手动配置，但是对于一些特定的情况，还是需要我们进行自定义配置，对默认的配置进行修改，以适应实际的生产情况。

在 Spring Boot 中，配置文件有两种不同的格式，分别为 application.properties 和 application.yml（或 application.yaml），放在指定目录下的配置文件会被 Spring Boot 自动加载，免去了我们手动加载的烦恼。放置配置文件的常见目录为 src/main/resources。

（1）application.properties 配置文件

我们在使用 Spring Initializer 创建一个 Spring Boot 项目时，会在 resources 目录下默认创建一个 application.properties 配置文件，可以在该文件中进行项目的相关属性配置，包括系统属性、缓存、邮件、数据、事务、服务等各方面配置。Spring Boot 的配置属性、默认值、描述等信息，可以在 Spring 的官网文档中查看。

application.properties 是一种常用的配置文件，文件扩展名为".properties"，属于文本文件，文件内容的基本语法格式是"key=value"的格式，用"#"作为注释的开始。

如要配置 Web 服务访问的端口和上下文路径，则基本的配置代码如下。

```
server.port=8081
server.servlet.context-path=/mytest
```

（2）application.yml 配置文件

在 Spring Boot 中，还可以使用 YAML 格式的配置文件，这是官方推荐使用的配置格式，可以通过官网了解其详细介绍。

先来认识一下 YAML。YAML 是一个类似 XML、JSON 的标记性语言，强调以数据为中心，并不是以标识语言为重点，本质上是一种通用的数据串行化格式。

YAML 的基本语法规则如下。

- 大小写敏感，即区分大小写。
- key：value 表示键值对关系，冒号后面、value 之前必须有一个空格。
- 使用空格缩进表示层级关系，左对齐的数据位于同一层级。
- 不允许使用 Tab 键缩进。
- 使用"#"进行单行注释。

如要配置 Web 服务访问的端口和上下文路径，YAML 格式配置文件的配置代码如图 2-1 所示。

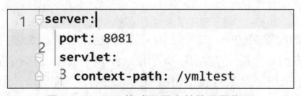

图 2-1　YAML 格式配置文件的配置代码

在使用空格缩进表示层级关系时，空格数目并不重要，只要是左对齐的一列数据，就表示位于同一个层级。在图 2-1 中，server 位于第一层级，port 和 servlet 位于第二层级，其前面的空格个数相等，context-path 位于第三层级。

YAML 中支持的数据结构主要有纯量、对象、数组 3 种。

纯量（scalar）是指基本的、不可再分的值，包括整数、浮点数、字符串、布尔值、日期时间、NULL 等。字符串有 3 种表示形式：不用引号、使用单引号或使用双引号。一般不用引号直接写出字符串。若不用引号或使用单引号，则转义字符（如"\n"）将被当成普通字符串处理；若使用双引号，则会将"\n"这类转义字符处理成换行。在 YAML 格式的文件中使用不同形式表示字符串，在其值注入 Bean 中后，再获取输出结果。字符串的不同表示形式及输出结果如图 2-2 所示。

```
#字符串的几种表示形式                    12\n34
string.value1: 12\n34                  12\n34
string.value2: '12\n34'                12
string.value3: "12\n34"
                                       34
```

图 2-2　字符串的不同表示形式及输出结果

对象是键值对的集合，又称为映射（mapping）/哈希（hash），表示形式有两种：缩进写法或行内写法。若给一个用户对象设置用户名和年龄值，使用缩进写法的代码如下。

```
user:
  name: 张三
  age: 20
```

若用行内写法，则代码如下。

```
user: {name: 张三,age: 20}
```

数组是一组按次序排列的值，又称为序列（sequence）/列表（list）。若给一个用户对象设置朋友关系，该用户有两个朋友，使用缩进写法的代码如下。

```
user:
  name: 张三
  age: 20
  friends:
    - 李四
    - 王五
```

这里用连接符加一个空格表示数组或列表的一个项，连接符后的空格不能少。

若用行内写法，则代码如下。

```
user:
  name: 张三
  age: 20
  friends: [李四,王五]
```

在 YAML 格式的配置文件中，每个结构又可以嵌套组成复杂的结构。如对象中可以继续使用对象，数组的元素又是一个数组。若用户有两个朋友，这两个朋友用对象描述，则friends 所对应的是一个用户对象列表，使用缩进写法的代码如下。

```
user:
  name: 张三
  age: 20
```

```
friends:
 -
    name: 李四
    age: 18
 -
    name: 王五
    age: 20
```

代码中的两个连接符表示 friends 中有两个元素，这两个元素是用户对象，分别用于设置用户名和年龄值。

若用行内写法，则代码如下。

```
user:
  name: 张三
  age: 20
  friends: [{name: 李四, age: 18},{name: 王五,age: 20}]
```

代码中的[]表示列表，{}用来描述键值表，friends 中有两个用户对象，使用逗号对两个用户对象的数据进行分隔。

【课堂实践】定义一个配置文件，描述员工的基本信息，包括姓名（字符串）、出生年月（日期）、兴趣爱好（列表）等。

YAML 还可以在同一个文件中实现多文档分区，即多配置。将一个文件分隔为相对独立的多个文档，使用"---"在每个文档的开始作为分隔符，使用"..."作为文档的结束符（结束符可以不写）。

```
#公共配置，指定使用哪个环境
spring:
  profiles:
    active: prod
---
#开发环境配置
spring:
  profiles: dev
server:
  port: 8080
---
#生产环境配置
spring:
  profiles: prod
server:
  port: 8081
```

这段代码进行了开发环境配置和生产环境配置，文件被"---"分隔为 3 个文档块，并指定使用生产环境。

相对于 PROPERTIES 格式文件而言，YAML 格式文件更加简洁明了，层次关系更清晰，很多的开源项目都是使用 YAML 格式文件进行配置的。若在同一个位置下 application.properties 配置文件和 application.yml 配置文件同时存在，则 application.properties 的优先级更高，会先被读取。

慕课 2-2

配置文件的路径和优先级

（3）配置文件的路径和优先级

使用 Spring Initializer 创建 Spring Boot 项目时，默认的配置文件放在 resources 目录下，但是这个位置并非唯一的位置。Spring Boot 官网中明确可以存放配置文件的位置主要有以下 4 个。

① classpath 根路径下。

② classpath 根路径下的 config 目录下。

③ 当前项目路径下。

④ 当前项目路径下的 config 目录下。

系统会默认读取这些位置的配置文件，优先级逐级升高，即④的优先级最高，①的优先级最低。

【示例 2-1】多个配置文件加载。

在多个路径下分别创建 application.yml 配置文件，查看 Spring Boot 如何加载，基本步骤如下。

① 创建项目 unit2-1，在项目可以存放配置文件的相应路径下分别创建 application.yml 配置文件，如图 2-3 所示。

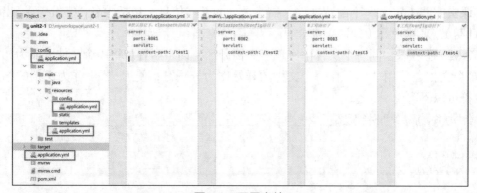

图 2-3　配置文件

在相应的 4 个位置分别创建了 application.yml 文件，并在每个配置文件中都配置了访问端口和上下文路径。

② 执行 unit2-1 项目启动类，控制台的输出信息如图 2-4 所示。

```
cn.js.ccit.Unit2Application          : Starting Unit2Application using Java 1.8.0_152 on LAPTOP-IP6550BK with P
cn.js.ccit.Unit2Application          : No active profile set, falling back to default profiles: default
o.s.b.w.embedded.tomcat.TomcatWebServer  : Tomcat initialized with port(s): 8084 (http)
o.apache.catalina.core.StandardService   : Starting service [Tomcat]
org.apache.catalina.core.StandardEngine  : Starting Servlet engine: [Apache Tomcat/9.0.45]
o.a.c.c.C.[Tomcat].[localhost].[/test4]  : Initializing Spring embedded WebApplicationContext
w.s.c.ServletWebServerApplicationContext : Root WebApplicationContext: initialization completed in 726 ms
o.s.s.concurrent.ThreadPoolTaskExecutor  : Initializing ExecutorService 'applicationTaskExecutor'
o.s.b.w.embedded.tomcat.TomcatWebServer  : Tomcat started on port(s): 8084 (http) with context path '/test4'
cn.js.ccit.Unit2Application          : Started Unit2Application in 1.494 seconds (JVM running for 2.616)
```

图 2-4　执行启动类后控制台的输出信息

从输出信息中可以看出，项目路径下 config 目录中的 application.yml 配置文件起作用了，启动端口为 8084，上下文路径为/test4。

删除项目路径下 config 目录中配置文件的端口配置代码，再次执行启动类，控制台的输出信息如图 2-5 所示。

```
cn.js.ccit.Unit2Application          : Starting Unit2Application using Java 1.8.0_152 on LAPTOP-IP6550BK with F
cn.js.ccit.Unit2Application          : No active profile set, falling back to default profiles: default
o.s.b.w.embedded.tomcat.TomcatWebServer : Tomcat initialized with port(s): 8083 (http)
o.apache.catalina.core.StandardService  : Starting service [Tomcat]
org.apache.catalina.core.StandardEngine : Starting Servlet engine: [Apache Tomcat/9.0.45]
o.a.c.c.[Tomcat].[localhost].[/test4]   : Initializing Spring embedded WebApplicationContext
w.s.c.ServletWebServerApplicationContext : Root WebApplicationContext: initialization completed in 707 ms
o.s.s.concurrent.ThreadPoolTaskExecutor  : Initializing ExecutorService 'applicationTaskExecutor'
o.s.b.w.embedded.tomcat.TomcatWebServer  : Tomcat started on port(s): 8083 (http) with context path '/test4'
cn.js.ccit.Unit2Application          : Started Unit2Application in 1.411 seconds (JVM running for 2.512)
```

图 2-5　修改配置后控制台的输出信息

从图 2-5 可以看出，此时启用的是项目路径下的配置端口 8083，上下文路径仍为项目路径下 config 目录中的配置值。

从示例 2-1 可以看出，若出现同一个属性配置，则优先级高的配置会覆盖优先级低的配置，若配置的属性不同，则多个配置文件间会互补。

在 pom.xml 文件中添加一个依赖——配置文件处理器，则在书写配置文件时会有提示，代码如下。

```
<!--导入配置文件处理器，配置文件进行绑定时会有提示-->
<dependency>
  <groupId>org.springframework.boot</groupId>
  <artifactId>spring-boot-configuration-processor</artifactId>
  <optional>true</optional>
</dependency>
```

2. 注入配置文件属性值

Spring Boot 提供了许多配置，其默认提供的配置会自动扫描并读取属性值。但通常情况下我们需要在配置文件中自己定义值，并将值应用到程序中。如将配置文件中的值直接注入实体类中，主要通过一些注解实现，常用的注解有@ConfigurationProperties 和@Value。

@ConfigurationProperties 注解一般将配置文件与一个类绑定，将配置文件中的变量值注入该类的成员变量中；@Value 注解一般将配置文件中的变量值注入当前类的成员变量中。

慕课 2-3

注入配置文件属性值

下面以配置一个系统角色为例进行属性值的配置及注入。

【示例 2-2】配置系统角色的属性值并注入——应用@Value 注解。

① 创建项目 unit2-2，在配置文件 application.yml 中编写代码，为角色设置相关的值。

```
#管理员角色的基本信息
role:
 name: admin
 description: 管理员
 permissionIds:
  - 10
  - 11
  - 12
```

② 在 cn.js.ccit.vo 包中创建实体类 Role，代码如下。

```
package cn.js.ccit.vo;
import org.springframework.beans.factory.annotation.Value;
import org.springframework.stereotype.Component;
import java.util.List;
```

```java
//角色实体
@Component
public class Role {
    @Value("${role.name}")
    private String name;
    @Value("${role.description}")
    private String description;
    private List<Long> permissionIds;
    @Override
    public String toString() {
        return "Role{" +
                "name='" + name + '\'' +
                ", description='" + description + '\'' +
                ", permissionIds=" + permissionIds +
                '}';
    }
}
```

在实体类 Role 中使用@Component 注解，表示 Role 是 Spring Boot 的组件，在属性上使用@Value 注解表示对属性注入值，参数 "${role.name}" 自动获取配置文件中相应的配置值并将其注入属性中。在使用@Value 注解注入属性值时，必须在每个属性上标注，并且只能注入基本数据类型的值，可以不提供相应属性的 setter 方法。该操作不支持松散绑定和 JSR 303 数据校验。

③ 打开项目的测试类，编写测试代码，代码如下。

```java
package cn.js.ccit;
import cn.js.ccit.pojo.Role;
import cn.js.ccit.pojo.Str;
import cn.js.ccit.pojo.Student;
import org.junit.jupiter.api.Test;
import org.springframework.beans.factory.annotation.Autowired;
import org.springframework.boot.test.context.SpringBootTest;
@SpringBootTest
class Unit22ApplicationTests {
    @Autowired
    private Role role;
    @Test
    void contextLoads() {
        System.out.println(role);
    }
}
```

测试类使用@Autowired 注解对 Role 自动注入属性值。运行测试方法 contextLoads，控制台输出的结果如图 2-6 所示，可以看出 Role 已被注入属性值，但是 permissionIds 属性是列表类型，不能使用@Value 注解，因此没有被注入属性值，输出为空。

使用@ConfigurationProperties注解可以进行属性值的批量注入，与@Value注解相比，此注解标注在类上，必须提供属性的setter方法，支持复杂数据类型属性值的注入，支持松散绑定和JSR 303数据校验。对示例2-2中的实体类Role进行修改后，代码如下。

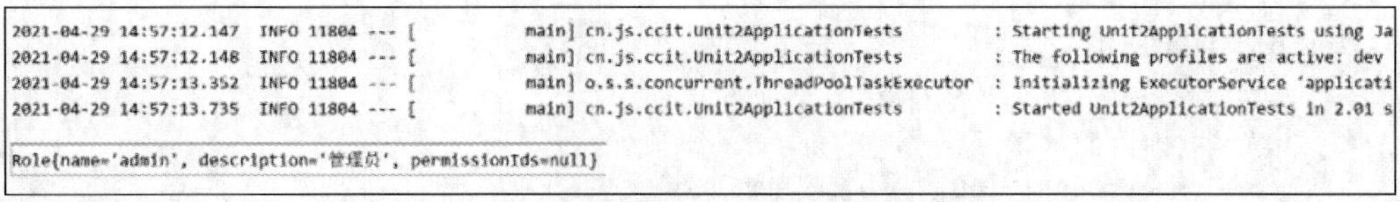

```
2021-04-29 14:57:12.147  INFO 11804 --- [           main] cn.js.ccit.Unit2ApplicationTests        : Starting Unit2ApplicationTests using Ja
2021-04-29 14:57:12.148  INFO 11804 --- [           main] cn.js.ccit.Unit2ApplicationTests        : The following profiles are active: dev
2021-04-29 14:57:13.352  INFO 11804 --- [           main] o.s.s.concurrent.ThreadPoolTaskExecutor : Initializing ExecutorService 'applicati
2021-04-29 14:57:13.735  INFO 11804 --- [           main] cn.js.ccit.Unit2ApplicationTests        : Started Unit2ApplicationTests in 2.01 s

Role{name='admin', description='管理员', permissionIds=null}
```

图 2-6　使用@Value 注解注入属性值

```java
package cn.js.ccit.pojo;
import org.springframework.beans.factory.annotation.Value;
import org.springframework.boot.context.properties.ConfigurationProperties;
import org.springframework.stereotype.Component;
import java.util.List;
//角色实体，使用@ConfigurationProperties 注解进行属性值注入
@Component
@ConfigurationProperties(prefix="role")
public class Role {
    private String name;
    private String description;
    private List<Long> permissionIds;
 //省略 setter 方法。这里限于篇幅，没有写出，类中一定要有 setter 方法
@Override
    public String toString() {
        return "Role{" +
                "name='" + name + '\'' +
                ", description='" + description + '\'' +
                ", permissionIds=" + permissionIds +
                '}';
    }
}
```

上述代码在类上使用@ConfigurationProperties 注解，实现了属性值的批量注入，参数 prefix="role"表示配置文件中第一层级的名字。再次运行测试方法，可以看出 Role 所有属性都被注入了属性值，包括列表类型。注意，使用@ConfigurationProperties 注解时，配置文件的属性名要和实体类的属性名完全一致，否则无法自动注入属性值中。

在实际应用中，如果只需要获取配置文件中的某个值，一般使用@Value 注解；若要获取多个值，并定义一个 JavaBean 实体和配置文件进行一一映射，则推荐使用@Configuration Properties 注解。

【课堂实践】定义员工类，在配置文件中配置员工属性值，选择合适的方法实现配置文件属性值的注入。

慕课 2-4

任务 2.1 分析与实现

【任务实现】

在某公司资产管理系统中，主要的配置文件为 resources 目录下的 application. yml 文件，在该文件中配置了服务器相关属性、数据库连接属性、文档生成、MyBatis-Plus 等，具体代码如下。

```
# 服务配置
```

```
server:
  port: 8097  #运行端口号
  #tomcat 属性配置
  tomcat:
    uri-encoding: UTF-8
    max-connections: 10000    #接收和处理的最大连接数
    acceptCount: 10000           #可以放到处理队列中的请求数
    threads:
      max: 1000      #最大并发数
      min-spare: 500  #初始化时创建的线程数
# 数据库连接属性配置
spring:
  datasource:
    url:jdbc:mysql://101.201.145.235:3306/am?useUnicode=true&characterEncoding=
  utf8&nullCatalogMeansCurrent=true
    username:
    driver-class-name: com.mysql.cj.jdbc.Driver
    password:
    hikari:
        max-lifetime: 60000
        maximum-pool-size: 20
        connection-timeout: 60000
        idle-timeout: 60000
        validation-timeout: 3000
        login-timeout: 5
        minimum-idle: 10
  messages:
    basename: i18n/i18n_messages
    encoding: UTF-8
chor:
  fileSystem: /usr/lcoal
#  main:
#  allow-bean-definition-overriding: true
knife4j:
  enable: true
  production: false
  basic:
    password: 123456
    username: cg
    enable: true
# MyBatis-Plus 配置
mybatis-plus:
  configuration:
    log-impl: org.apache.ibatis.logging.stdout.StdOutImpl
  mapper-locations: classpath*:mapper/*.xml
  type-aliases-package: com.cg.test.model
```

任务 **2.2** 某公司资产管理系统的自定义配置

素养拓展

自定义
"高配置"
的人生

【任务描述】

Spring Boot 的开发理念是"约定优于配置",在实际开发过程中将力求最简配置作为其核心思想。在默认配置不能满足需要时,用户可以自定义配置。在自定义配置时,可以使用传统的 XML 配置文件,也可以自定义配置文件或自定义配置类,推荐使用自定义配置类的方式。在某公司资产管理系统中,主要对拦截器、MyBatis、Swagger、个性化定制等进行配置。

慕课 2-5

自定义配置类

【技术分析】

对自定义配置文件,可以使用@PropertySource 注解指定配置文件的位置和名称,若项目中有 XML 配置文件,则需要将其加载到程序中,也可以使用@ImportResource 注解加载配置文件。

在 Spring Boot 中,推荐使用自定义配置类的方式向 Spring 容器中添加和配置组件,通常使用@Configuration 注解定义一个配置类,@Configuration 注解会结合@Bean 注解配置 Bean 对象。

【支撑知识】

1. 自定义配置类

在 Spring Boot 中,通常使用@Configuration 注解定义一个配置类。Spring Boot 会自动扫描和识别配置类,从而替换传统 Spring 中的 XML 配置文件。@Configuration 注解一般作用在类和接口上。

当定义一个配置类后,一般需要在类的方法上使用@Bean 注解进行组件配置,方法的返回对象注入 Spring 容器中(类似于 XML 配置文件中的<bean>标签配置),表示当前方法的返回值是一个 Bean。Bean 的组件名称默认使用方法名,也可以使用@Bean 注解的 name 或 value 属性自定义组件的名称。

其实@Configuration 注解的底层就是@Component 注解,但@Configuration 注解侧重配置,@Component 注解侧重组件,不管侧重点是什么,两者本身都是一个 IoC 容器管理的 Bean 对象。

【示例 2-3】自定义配置类的实现与使用。

用户实现与使用自定义配置类的基本步骤如下。

① 创建 unit2-3 项目,在项目中创建包 cn.js.ccit.configuration,在该包中定义类 MyConfiguration,使用 @Configration 注解将该类声明为一个配置类,代码如下。

```
package cn.js.ccit.configuration;
import cn.js.ccit.pojo.Role;
import org.springframework.context.annotation.Bean;
import org.springframework.context.annotation.Configuration;
@Configuration
public class MyConfiguration {
    @Bean
```

```
    public String msg(){
        return "这是配置类中的返回信息";
    }
    @Bean
    public Role myRole(){
    return new Role();
    }
}
```

在类中定义的方法 msg 上添加@Bean 注解，则会往 Spring 容器中添加一个名为 msg 的 Bean。定义了一个 myRole 方法，使用@Bean 注解表示其是一个返回值为 Role 对象，由 Spring 容器管理的 Bean 对象。

② 在 cn.js.ccit.controller 包中，通过定义 MyConfigurationController 类获取这两个 Bean，代码如下。

```
package cn.js.ccit.controller;
import cn.js.ccit.pojo.Role;
import org.springframework.beans.factory.annotation.Autowired;
import org.springframework.web.bind.annotation.GetMapping;
import org.springframework.web.bind.annotation.RestController;
@RestController
public class MyConfigurationController {
    @Autowired
    private String msg;
    @Autowired
    private Role role;
    @GetMapping("/test")
    public String test(){
        return msg;
    }
    @GetMapping("/role")
    public String getRole(){
        return role.toString();
    }
}
```

类中定义了 msg 和 role 两个属性，并自动注入 Bean 的值，从方法 test 中获取 Bean 的返回字符串，从方法 getRole 中获取 Bean 对象并调用其 toString 方法。

③ 运行主启动类，在浏览器中分别访问 http://localhost:8080/index/test 和 http://localhost:8080/index/role，输出结果如图 2-7 所示。

图 2-7　自定义配置类的输出结果

从输出结果可以看出，MyConfiguration 配置类中定义的两个方法的返回值对象由 Spring 容器进行管理，并被成功注入 cn.js.ccit.controller 包中。

Spring Boot 默认不使用 XML 配置文件，其中没有 Spring 的 XML 配置文件，自己编写的 XML 配置文件也不能自动识别。若在项目中想加载 XML 配置文件，则可以使用 @ImportResource 注解，一般将这个注解放在主入口函数的类上即可。

2. 自定义配置文件

慕课 2-6

自定义配置文件

在实际应用中，不会将所有的配置都写在默认配置文件里，用户可以定义自己的配置文件。若想引用自定义配置文件，可以使用 @PropertySource 注解指定自定义配置文件的位置和名称，@PropertySource 注解默认不支持读取 YAML 配置文件。可以使用注解 @Value 和 @ConfigurationProperties 注解获取配置文件中的配置值，并将其注入类的属性中。

【示例 2-4】使用 @PropertySource 注解读取自定义配置文件。

① 创建项目 unit2-4，在 src/main/resources 目录下创建一个配置文件 mytest.properties，内容如下。

```
role.name=总经理
role.description=所有权限
role.permissionIds=20,21,22
```

② 创建包 cn.js.ccit.configuration，在其中定义类 MyTestProperties，代码如下。

```
package cn.js.ccit.configuration;
import org.springframework.boot.context.properties.ConfigurationProperties;
import org.springframework.boot.context.properties.EnableConfigurationProperties;
import org.springframework.context.annotation.Configuration;
import org.springframework.context.annotation.PropertySource;
import java.util.List;
@Configuration    //本类为配置类
@PropertySource("classpath:mytest.properties")    //指定自定义配置文件的位置和名称
@EnableConfigurationProperties(MyTestProperties.class)    //开启对应配置类的属性注入
功能
@ConfigurationProperties(prefix = "role")    //指定配置文件注入属性的前缀
public class MyTestProperties {
    private String name;
    private String description;
    private List<Long> permissionIds;
        //这里省略属性的 setter 和 getter 方法及 toString 方法
}
```

类中使用了 @Configuration 注解表示这是一个配置类，将该配置类作为一个 Bean 添加到容器中；@PropertySource 注解引入自定义配置文件，指定配置文件的位置和名称，这里表示引入 classpath 类路径下的 mytest.properties 配置文件；@EnableConfigurationProperties 注解表示开启配置类的属性值注入功能；@ConfigurationProperties 注解表示将配置文件的属性值注入配置类中。

③ 在测试类 Unit24ApplicationTests 中添加以下的代码。

```
@Autowired
```

```
private MyTestProperties myTestProperties;
@Test
public void myTestProp(){
    System.out.println(myTestProperties);
}
```

在上述代码中，定义了 MyTestProperties 类型的变量，并自动注入属性值。执行测试方法，输出结果如图 2-8 所示。

```
2021-08-28 09:59:21.434  INFO 12860 --- [                main] cn.js.ccit.Unit24ApplicationTests
2021-08-28 09:59:21.437  INFO 12860 --- [                main] cn.js.ccit.Unit24ApplicationTests
2021-08-28 09:59:22.779  INFO 12860 --- [                main] o.s.s.concurrent.ThreadPoolTaskExecutor
2021-08-28 09:59:23.117  INFO 12860 --- [                main] cn.js.ccit.Unit24ApplicationTests
MyTestProperties{name='总经理', description='所有权限', permissionIds=[20, 21, 22]}
2021-08-28 09:59:23.351  INFO 12860 --- [extShutdownHook] o.s.s.concurrent.ThreadPoolTaskExecutor
```

图 2-8　自定义配置文件属性值注入

3. 引用外部配置文件

慕课 2-7

引用外部配置文件

在实际开发中，项目真正上线和部署时建议使用外部配置文件，外部配置文件的加载顺序可参考官网描述。这里简单介绍一下常用的外部配置文件的加载方法，可以使用外部 JAR 包方式读取指定配置文件，通过 spring.config.location 的值来改变默认的配置文件位置。

在项目中引用外部配置文件，基本步骤如下。

① 在 D 盘的 config 目录下，创建配置文件 app.properties。其中设置端口和上下文路径的代码如下。

```
server.port=8081
server.servlet.context-path=/outer
```

② 将 unit2-1 项目打包成 JAR 包，将 target 下的 JAR 包复制到 D 盘上。

③ 打开命令提示符窗口，切换到 D 盘下，执行以下命令。

```
java -jar unit2-1.0.jar --spring.config.location=d:/config/app.properties
```

结果如图 2-9 所示。可以看出，这时使用了外部配置文件中设置的端口和上下文路径。

图 2-9　引用外部配置文件

慕课 2-8

多环境配置

在 JAR 包的路径下，给配置文件建立一个 config 文件夹，配置文件名为默认的 application.properties 或 application.yml，则在启动 Spring Boot 时会自动读取此外部配置文件，在控制台执行 java -jar unit2-1.0.jar 命令，即可自动加载此外部配置文件。

4. 多环境配置

在实际开发中，一套应用程序可能会被安装和应用到几个不同的环境，如开发环境（dev）、测试环境（test）、生产环境（prod）等，每个环境的服务器端口、数据库地址等配置会有差别。那么在不同环境中运行应用程序，是否需要修改配置文件，复制不同的安装包呢？在 Spring Boot 中只需要简单的配置，应用程序就能在不同的环境中运行。

多环境配置一般分为以下两步。

① 定义多环境配置文件。

② 指定具体运行环境。

在 Spring Boot 中要定义多环境配置文件，配置文件名需满足 application-{profile}.yml 的格式，其中{profile}对应的是环境标识，具体如下。

- application-dev.yml：开发环境。
- application-test.yml：测试环境。
- application-prod.yml：生产环境。

也可以使用多文档分区方式定义多环境配置文件定义一个配置文件，将多环境配置用文档分隔符"---"分隔开。

若要使用其中的某一个环境，可以在配置文件 application.yml 中配置 spring.profiles.active 属性，其值对应${profile}值，代码如下。

```
spring:
  profiles:
    active: dev
```

这样就告诉 Spring Boot，启动时加载开发环境的配置。如果不想在项目中固定环境配置，也可以在项目打包或者运行的时候通过传入环境参数来确定环境配置。如 java -jar unit2-1.0.jar --spring.profiles.actvie=dev，通过打包启动命令进行区分会更灵活、方便。

【示例 2-5】不同环境配置不同的服务端口和上下文路径，按以下示例步骤进行多环境配置。

① 定义多环境配置文件。

创建项目 unit2-5，在项目的 resources 目录下，分别创建 application.yml、application-dev.yml、application-prod.yml、application-test.yml 这 4 个配置文件，定义及代码如图 2-10 所示。

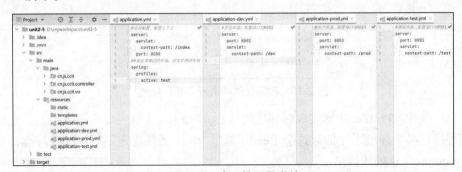

图 2-10　多环境配置文件

② 指定具体运行环境。

在 application.yml 配置文件中，通过 spring.profiles.active 指定并激活了测试环境。

运行主启动文件，结果如图 2-11 所示。从运行结果可以看出，此时使用的是测试环境的配置。

```
cn.js.ccit.Unit2Application          : Starting Unit2Application using Java 1.8.0_152 on LAPTOP-IP65508K with PID 24908
cn.js.ccit.Unit2Application          : The following profiles are active: test
o.s.b.w.embedded.tomcat.TomcatWebServer : Tomcat initialized with port(s): 8081 (http)
o.apache.catalina.core.StandardService  : Starting service [Tomcat]
org.apache.catalina.core.StandardEngine : Starting Servlet engine: [Apache Tomcat/9.0.45]
o.a.c.c.C.[Tomcat].[localhost].[/test]  : Initializing Spring embedded WebApplicationContext
w.s.c.ServletWebServerApplicationContext : Root WebApplicationContext: initialization completed in 733 ms
o.s.s.concurrent.ThreadPoolTaskExecutor : Initializing ExecutorService 'applicationTaskExecutor'
o.s.b.w.embedded.tomcat.TomcatWebServer : Tomcat started on port(s): 8081 (http) with context path '/test'
cn.js.ccit.Unit2Application          : Started Unit2Application in 1.5 seconds (JVM running for 2.79)
```

图 2-11　多环境配置的运行结果

在 YAML 配置文件中，也可以将不同的环境配置用文档分隔符"---"来分开，文件开头写一些全局配置，在分隔的多个文档块中写差异化配置，通过设置 spring.profiles 属性值区分不同的环境。创建一个 application.yml 配置文件，将全局配置和多环境配置都放在此文件中，代码如图 2-12 所示。

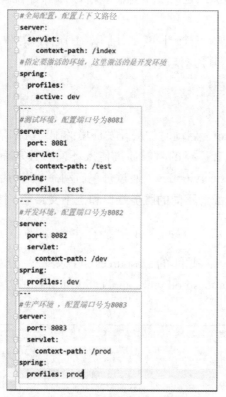

图 2-12　在单文件中进行多环境配置

还可以使用@Profile 注解实现多环境配置。@Profile 注解主要应用于类上，此注解告诉应用程序在某个环境下才加载这个 Bean，通过 value 属性指定不同的配置环境，等同于设置 spring.profiles 的属性值。

【示例 2-6】使用@Profile 注解进行多环境配置。

① 定义多环境配置文件类。

创建项目 unit2-6, 在项目中创建包 cn.js.ccit.config, 在该包中创建接口 MyConfig, 使用类 TestConfig 和类 DevConfig 分别实现此接口, 代码分别如下。

```
//MyConfig接口
package cn.js.ccit.config;
public interface MyConfig {
    public void config();
}
//TestConfig类, 配置测试环境
package cn.js.ccit.config;
import org.springframework.context.annotation.Configuration;
import org.springframework.context.annotation.Profile;
@Profile("test")
@Configuration
public class TestConfig implements MyConfig{
    public void config(){
        System.out.println("测试环境");
        }
}
//DevConfig类, 配置开发环境
package cn.js.ccit.config;
import org.springframework.context.annotation.Configuration;
import org.springframework.context.annotation.Profile;
@Profile("dev")
@Configuration
public class DevConfig implements MyConfig{
    public void config(){
        System.out.println("开发环境");
    }
}
```

在两个类上, 使用注解@Profile 设置环境, 使用注解@Configuration 表示此类是一个配置类。

② 指定具体运行环境。

在配置文件application.yml中, 指定要激活的环境, 代码如下。

```
#指定要激活的环境, 这里激活的是开发环境
spring:
  profiles:
    active: dev
```

③ 创建控制类。

在项目的 cn.js.ccit.controller 包中创建 ConfigController 类, 代码如下。

```
package cn.js.ccit.controller;
import cn.js.ccit.config.MyConfig;
import org.springframework.beans.factory.annotation.Autowired;
import org.springframework.web.bind.annotation.GetMapping;
import org.springframework.web.bind.annotation.RestController;
@RestController
```

```
public class ConfigController {
    @Autowired
    private MyConfig myConfig;
    @GetMapping("/hello")
    public String hello(){
      myConfig.config();
      return "Hello Spring Boot!";
    }
}
```

在类中定义了 MyConfig 接口的变量，并对值进行自动装配，在方法 hello 中，调用 config 方法，程序会根据配置文件的激活环境，执行相应配置类的代码。

【课堂实践】定义员工类，选择合适的方法实现配置文件属性值的注入（使用上一个课堂实践中配置文件的属性值）。

【任务实现】

在某公司资产管理系统中，configuration 包中主要定义了 4 个配置类。

- CommonConfiguration 配置类：跨域配置信息处理。
- MyBatisConfiguration 配置类：数据源配置及分页处理。
- SwaggerConfiguration 配置类：API 文档配置。
- WebMvcConfiguration 配置类：框架的个性化定制。

慕课 2-9

任务 2.2
任务分析
与实现

这里以 MyBatisConfiguration 配置类为例分析自定义配置类代码，其他相关的配置类，请大家查看项目源码。MyBatisConfiguration 配置类的代码如下。

```
package com.cg.test.am.configuration;
import com.alibaba.druid.pool.DruidDataSource;
import com.baomidou.mybatisplus.extension.plugins.PaginationInterceptor;
import
com.baomidou.mybatisplus.extension.plugins.pagination.optimize.JsqlParserCountOptimi-
ze;
import org.mybatis.spring.annotation.MapperScan;
import org.springframework.boot.autoconfigure.jdbc.DataSourceProperties;
import org.springframework.context.annotation.Bean;
import org.springframework.context.annotation.Configuration;
import org.springframework.transaction.annotation.EnableTransactionManagement;
import javax.annotation.Resource;
import javax.sql.DataSource;
/**
 * 数据库配置
 */
@Configuration
@EnableTransactionManagement
@MapperScan("com.cg.test.*.mapper")
public class MyBatisConfiguration {
    @Resource
    private DataSourceProperties dataSourceProperties;
```

```
    @Bean(name = "dataSource")
    public DataSource dataSource() {
        DruidDataSource dataSource = new DruidDataSource();
        dataSource.setUrl(dataSourceProperties.getUrl());
        dataSource.setDriverClassName(dataSourceProperties.getDriverClassName());
        dataSource.setUsername(dataSourceProperties.getUsername());
        dataSource.setPassword(dataSourceProperties.getPassword());
        return dataSource;
    }
    /**
     * MyBatis-Plus: 分页插件
     * @return
     */
    @Bean
    public PaginationInterceptor paginationInterceptor() {
        PaginationInterceptor paginationInterceptor = new PaginationInterceptor();
        // 开启 count 的 join 优化，只针对部分 left join
        paginationInterceptor.setCountSqlParser(new JsqlParserCountOptimize(true));
        return paginationInterceptor;
    }
}
```

此配置类上使用@Configuration 注解表示本类是一个配置类，使用@EnableTransaction-Management 注解表示开启事务支持，使用@MapperScan("com.cg.test.*.mapper") 注解指定要扫描的 Mapper 类的包。类中定义的属性 dataSourceProperties（org.springframework.boot. autoconfigure. jdbc.DataSourceProperties 类型）通过@Resource 注解自动注入属性值，在 dataSource 方法上使用注解@Bean 表示此方法的返回值是一个 Bean 对象。在 dataSource 方法中创建 DruidDataSource（阿里巴巴开源平台上一个数据库连接池的实现）数据源对象，获取 dataSourceProperties 属性对象的相应值并将其赋值给数据源对象，最后返回数据源对象。

paginationInterceptor 方法用于配置数据分页插件，在此方法上同样使用@Bean 注解表示其返回值为一个容器管理的 Bean 对象。

拓展实践

实践任务	某公司资产管理系统的多环境配置
任务描述	资产管理系统在实际开发过程中，经历了开发、测试、生产这 3 个环境，请给每个环境定义相应的配置文件，主要配置每个环境的数据库地址、访问端口
主要思路及步骤	1. 定义每个环境的配置文件，如测试环境的配置文件 application-test.yml； 2. 在全局配置文件中，指定具体的运行环境； 3. 运行项目，查看运行结果
任务总结	

单元小结

本单元主要介绍了 Spring Boot 中两种不同格式的配置文件、不同位置的配置文件的访问优先级、配置文件属性值注入、自定义配置类和自定义配置文件、引用外部配置文件和多环境配置等相关知识。注解的使用简化了我们的很多工作，@Value、@ConfigurationProperties、@Configuration、@Bean、@PropertySource、@ImportResource 等注解的使用需要大家掌握并灵活运用。

单元习题

一、单选题

1. 关于 Spring Boot 的配置文件，描述不正确的是（   ）。

A. Spring Boot 的默认配置文件是 application.properties 文件，配置文件名不能改变

B. Spring Boot 默认会从 resources 目录下加载配置文件

C. application.properties 配置文件是键值对类型的文件

D. YAML 格式的文件是一种直观的能够被计算机识别的数据序列化格式文件

2. 以下注解描述错误的是（   ）。

A. @ComponentScan 注解指定了要扫描指定基本包下的类

B. @Configuration 注解标注在类上，表示该类是 Spring Boot 的一个配置类

C. @SpringBootApplication 注解要配置在控制类 Controller 上

D. @EnableAutoConfiguration 注解是 Spring Boot 自动配置功能开启的注解

3. 关于 YAML 配置文件的定义内容格式，说法错误的是（   ）。

A. 在 YAML 格式的文件中，使用 key：（ ）value 表示键值对关系

B. 在 YAML 格式的文件中，使用空格缩进表示层级关系，左对齐的数据位于同一层级，可以使用 Tab 键缩进

C. YAML 格式的文件大小写敏感

D. YAML 格式的文件中使用"#"进行单行注释

4. 使用 YAML 配置信息，格式错误的是（   ）。

A. 配置 person 对象的姓名，代码如下。

```
name: Jane
```

B. 配置 person 对象的姓名、年龄，代码如下。

```
person:
    name: haohao
    age: 31
```

C. 配置数组 List 的对象 city，并在该对象中存放城市信息，代码如下。

```
city:
    - beijing
    - shanghai
```

D. 配置集合 List 的对象 Students，并在该对象中放置多个学生信息，代码如下。

```
students:
  - name: zhangsan
  - age: 18
```

```
    - name: lisi
    - age: 28
```

5. 关于@Value 注解，说法错误的是（　　　）。

A. @Value 注解只能注入基本数据类型的属性值

B. 使用@Value 注解时可以不提供相应属性的 setter 方法

C. @Value 注解不支持松散绑定

D. @Value 注解支持 JSR 303 数据校验

6. 关于@ConfigurationProperties 注解，说法错误的是（　　　）。

A. 若要批量注入属性值，可以选择@ConfigurationProperties 注解

B. 使用@ConfigurationProperties 注解时可以不提供相应属性的 setter 方法

C. @ConfigurationProperties 注解支持复杂数据类型属性值的注入

D. @ConfigurationProperties 注解支持 JSR 303 数据校验

二、填空题

1. 进行多环境配置时，若要指定运行环境，应该配置属性＿＿＿＿＿＿＿＿＿＿。

2. 用户自定义配置类时，使用的注解是＿＿＿＿＿＿＿＿＿＿。

3. 新建一个 Spring Boot 项目时，默认生成的配置文件是＿＿＿＿＿＿＿＿＿＿。

4. YAML 中支持的数据结构主要有＿＿＿＿＿＿＿＿、＿＿＿＿＿＿＿＿、＿＿＿＿＿＿＿＿。

单元 ③ Spring Boot 和数据库操作

Spring Boot 可以整合常见的持久层框架,如 JdbcTemplate、MyBatis、MyBatis-Plus、JPA 等,通过这些持久层框架可以访问数据库并且进行 CRUD 操作。本单元以某公司资产管理系统的角色管理、部门管理、权限管理等为基础,介绍 Druid 配置、使用 Spring Boot 整合 JdbcTemplate、使用 Spring Boot 整合 MyBatis 与 MyBatis-Plus、使用 Spring Boot 整合 Spring Data JPA 和 Spring Boot 中的事务实现等相关知识。

 知识目标

- ★ 熟悉 Druid 配置
- ★ 理解 JdbcTemplate 相关知识
- ★ 掌握 MyBatis 与 MyBatis-Plus 的知识
- ★ 掌握 Spring Data JPA 的配置方法
- ★ 理解 Spring Boot 中的事务实现

能力目标

- ★ 能够熟练使用 Druid 配置
- ★ 能整合 JdbcTemplate
- ★ 能熟练整合 MyBatis 与 MyBatis-Plus
- ★ 能熟练整合 Spring Data JPA
- ★ 会配置 Spring Boot 事务

任务 3.1 某公司资产管理系统的角色管理

【任务描述】

在 Spring Boot 中进行数据库操作,首先要连接到数据库。使用数据库连接池可以有效提升数据库访问性能,实现连接复用和资源共享,应用 Druid 能监控数据库连接池的连接和 SQL 语句的执行情况。JdbcTemplate 封装了数据库常见的核心操作,可减少大量的冗余代码,核心操作由 JdbcTemplate 自动处理,开发人员只关注业务逻辑即可。

本任务主要使用 Druid、JdbcTemplate 等相关技术实现某公司资产管理系统的角色管理模块,该模块主要包含显示角色信息、添加角色信息、修改角色信息和删除角色信息等功能。

【技术分析】

使用 Druid 的数据库连接池可以提升数据库访问的效率。本任务主要介绍 Druid 的功能、在 Spring Boot 中如何配置 Druid 等。JdbcTemplate 是 Spring 提供的一套 JDBC 模板框架，本任务重点介绍 JdbcTemplate 的功能、在 JdbcTemplate 中执行 SQL 语句的方法、在 Spring Boot 中使用 JdbcTemplate 访问数据库的方法等。

素养拓展

合作共赢的"数据库连接池"

【支撑知识】

1. Druid 简介

Druid 是阿里巴巴开源平台上一个数据库连接池，它结合了 c3p0、DBCP、Proxool 等数据库连接池的优点，同时加入了日志监控，可以很好地监控数据库连接池的连接和 SQL 语句的执行情况，可以说是针对监控而生的数据库连接池。Druid 支持所有 JDBC 兼容的数据库，包括 Oracle、MySQL、Derby、PostgreSQL、SQL Server 和 H2 等。

（1）Druid 的功能

Druid 的功能如下。

* 替换 DBCP 和 c3p0。Druid 提供了一个高效、功能强大、可扩展性好的数据库连接池。

* 可以监控数据库访问性能。Druid 内置了一个功能强大的 StatFilter 插件，能够详细统计 SQL 语句的执行性能，这对于线上分析数据库访问性能有帮助。

* 加密数据库密码。直接把数据库密码写在配置文件中，这是不好的行为，容易导致安全问题，DruidDriver 和 DruidDataSource 都支持 PasswordCallback。

* 支持多种 SQL 执行日志。Druid 提供了不同的 LogFilter，能够支持 Common-Logging、Log4j 和 JdkLog，可以按需要选择相应的 LogFilter，监控应用的数据库的访问情况。

* 扩展 JDBC。如果你对 JDBC 层有编程的需求，可以通过 Druid 提供的 Filter 机制编写 JDBC 层的扩展插件。

（2）Druid 的基本属性配置

Druid 的基本属性配置如表 3-1 所示。

表 3-1 Druid 的基本属性配置

属性	说明
name	配置这个属性的意义在于，如果存在多个数据源，监控的时候可以通过名字来区分不同的数据源
jdbcUrl	连接数据库的 URL，不同数据库不一样
username	连接数据库的用户名
password	连接数据库的密码
driverClassName	这一项可配置可不配置，如果不配置，Druid 会根据 URL 自动识别 dbType，然后选择相应的 driverClassName

属性	说明
initialSize	初始化时建立物理连接的个数
maxActive	最大连接池数量
minIdle	最小连接池数量
maxWait	获取连接时最大等待时间，单位是毫秒
poolPreparedStatements	是否缓存 preparedStatement
maxOpenPreparedStatements	要启用 PSCache，必须配置该属性值大于 0，当该属性值大于 0 时，poolPreparedStatements 的值将自动变为 true
validationQuery	用来检测连接是否有效，要求是一个查询语句
testOnBorrow	申请连接时执行 validationQuery 检测连接是否有效，有了这个配置会降低性能
testOnReturn	归还连接时执行 validationQuery 检测连接是否有效，有了这个配置会降低性能
testWhileIdle	建议配置为 true，不影响性能，并且保证安全性
connectionInitSqls	物理连接初始化的时候执行的 SQL 语句
exceptionSorter	当数据库抛出一些不可恢复的异常时，抛弃连接
filters	类型是字符串，通过别名的方式配置扩展插件，常用的插件有监控统计用的 filter:stat、日志用的 filter:log4j、防御 SQL 注入的 filter:wall
proxyFilters	类型是 List<com.alibaba.druid.filter.Filter>，如果同时配置了 filters 和 proxyFilters，两者是组合关系，并非替换关系

下面以一个示例介绍使用 Spring Boot 整合 Druid 的基本步骤，熟悉 Druid 的常用基本属性配置。

【示例 3-1】使用 Spring Boot 整合 Druid，基本步骤如下。

① 创建 Spring Boot 项目，在 pom.xml 文件中引入 Druid 依赖，代码如下。

```
<!-- Druid配置 -->
<dependency>
  <groupId>com.alibaba</groupId>
  <artifactId>druid-spring-boot-starter</artifactId>
  <version>1.1.10</version>
</dependency>
<dependency>
  <groupId>org.springframework.boot</groupId>
  <artifactId>spring-boot-starter-data-jdbc</artifactId>
</dependency>
<dependency>
```

```
    <groupId>org.springframework.boot</groupId>
    <artifactId>spring-boot-starter-web</artifactId>
</dependency>
```

说明：druid-spring-boot-starter 是阿里巴巴中 Druid 为 Spring Boot 提供的依赖。

② 在 application.properties 配置文件中配置 Druid，具体如下。

```
spring.datasource.druid.url=jdbc:mysql://localhost:3306/springboot?useUnicode=true&characterEncoding=utf-8&useSSL=false&allowPublicKeyRetrieval=true
spring.datasource.druid.username=root
spring.datasource.druid.password=123
spring.datasource.druid.driver-class-name=com.mysql.cj.jdbc.Driver


# 初始化时建立物理连接的个数
spring.datasource.druid.initial-size=5
# 最大连接池数量
spring.datasource.druid.max-active=30
# 最小连接池数量
spring.datasource.druid.min-idle=5
# 获取连接时最大等待时间，单位是毫秒
spring.datasource.druid.max-wait=60000
# 配置间隔多久才进行一次检测，检测需要关闭的空闲连接，单位是毫秒
spring.datasource.druid.time-between-eviction-runs-millis=60000
# 连接保持空闲而不被驱逐的最短时间，单位是毫秒
spring.datasource.druid.min-evictable-idle-time-millis=300000
# 用来检测连接是否有效，要求是一个查询语句
spring.datasource.druid.validation-query=SELECT 1 FROM DUAL
# 建议配置为 true，不影响性能，并且保证安全性。申请连接的时候检测，如果空闲时间大于
timeBetweenEvictionRunsMillis，执行 validationQuery 检测连接是否有效
spring.datasource.druid.test-while-idle=true
# 申请连接时执行 validationQuery 检测连接是否有效，有了这个配置会降低性能
spring.datasource.druid.test-on-borrow=false
# 归还连接时执行 validationQuery 检测连接是否有效，有了这个配置会降低性能
spring.datasource.druid.test-on-return=false
# 是否缓存 preparedStatement，也就是 PSCache。PSCache 可以使支持游标的数据库性能得到巨大提升，
比如 Oracle。在 MySQL 下建议关闭
spring.datasource.druid.pool-prepared-statements=true
# 要启用 PSCache，必须配置该属性值大于 0，当该属性值大于 0 时，poolPreparedStatements 的值自动
变为 true
spring.datasource.druid.max-pool-prepared-statement-per-connection-size=50
# 配置监控统计拦截的 filters，去掉后监控界面 SQL 无法统计
spring.datasource.druid.filters=stat,wall
# 通过 connectProperties 属性来打开 mergeSql 功能
spring.datasource.druid.connection-properties=druid.stat.mergeSql=true;druid.stat.slowSqlMillis=500
# 合并多个 Druid 数据源的监控数据
spring.datasource.druid.use-global-data-source-stat=true
# Druid 连接池监控
```

```
spring.datasource.druid.stat-view-servlet.login-username=admin
spring.datasource.druid.stat-view-servlet.login-password=123
# 排除一些静态资源，以提高效率
spring.datasource.druid.web-stat-filter.exclusions=*.js,*.gif,*.jpg,*.png,*.css,*
.ico,/druid/*
```

这里给出的是 Druid 的常用配置，具体的含义可以结合表 3-1 和代码中的注释理解。

③ 启动 Spring Boot 项目，访问 Druid 的监控页。

在浏览器中访问 http://localhost:8080/druid/index.html，输入配置文件中设置的连接池监控配置的"login-username"和"login-password"值后即可登录，运行结果如图 3-1 所示。Druid 数据源如图 3-2 所示，URI 监控如图 3-3 所示。

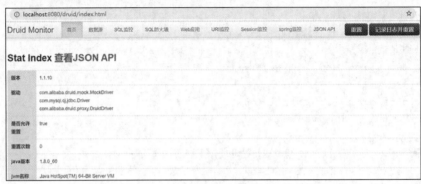

图 3-1　Druid 监控页

图 3-2　Druid 数据源

图 3-3　Druid 的 URI 监控

2. JdbcTemplate

JdbcTemplate 是 Spring 对 JDBC 的封装，目的是使 JDBC 更加易于使用。JdbcTemplate 是 Spring 的一部分，可处理资源的建立和释放，帮助我们避免一些常见的错误，比如忘记关闭连接。它运行核心的 JDBC 工作流，如 Statement 的建立和执行，而我们只需要提供 SQL 语句和提取结果。

<!-- 右侧方框 -->
慕课 3-2

Jdbc Template

在 JdbcTemplate 中执行 SQL 语句的方法大致分为以下 3 类。

* void execute（String sql）：可以执行所有 SQL 语句，一般用于执行 DDL（Data Definition Language，数据定义语言）语句。

* int update（String sql, Object…args）：用于执行 INSERT、UPDATE、DELETE 等 DML（Data Manipulation Language，数据操纵语言）语句。其中参数 sql 表示 SQL 语句，允许有 "?" 占位符；参数 args 表示一个可变参数，表示用来替换 "？" 占位符的实际参数。

* queryXxx：用于执行 DQL（Data Query Language，数据查询语言）语句，主要有 T queryForObject（String sql, Class requiredType, Object…args）和 List query（String sql, RowMapper, Object…args）这两个方法。

【示例 3-2】使用 Spring Boot 整合 JdbcTemplate，完成客户信息的管理，具体步骤如下。

① 创建 Spring Boot 项目，在 pom.xml 文件中引入如下配置。

```xml
<!-- jdbcTemplate -->
<dependency>
    <groupId>org.springframework.boot</groupId>
    <artifactId>spring-boot-starter-jdbc</artifactId>
</dependency>
<dependency>
    <groupId>org.springframework.boot</groupId>
    <artifactId>spring-boot-starter-web</artifactId>
</dependency>
<dependency>
    <groupId>mysql</groupId>
    <artifactId>mysql-connector-java</artifactId>
    <scope>runtime</scope>
</dependency>
<dependency>
    <groupId>com.alibaba</groupId>
    <artifactId>druid-spring-boot-starter</artifactId>
    <version>1.1.9</version>
</dependency>
```

② 在 application.properties 配置文件中配置数据源信息。

```
spring.datasource.druid.url=jdbc:mysql://localhost:3306/springboot
spring.datasource.druid.username=root
spring.datasource.druid.password=123
spring.datasource.druid.driver-class-name=com.mysql.cj.jdbc.Driver
```

③ 创建实体类 Customer。

```java
@Data
public class Customer {
```

```
private Integer id;
private String jobNo;
private String name;
private String department;
}
```

④ 创建 Dao 层接口与实现类。

创建 Dao 层接口 CustomerDao，代码如下。

```
public interface CustomerDao {
    //添加客户信息
    public int saveCustomer(Customer customer);
    //获取所有客户信息
    public List<Customer> getAllCustomer();
    //根据 id 查询客户信息
    public Customer getCustomerById(Integer id);
    //修改客户信息
    public int updateCustomer(Customer customer);
    //删除客户信息
    public int deleteCustomer(Integer id);
}
```

创建 Dao 层实现类 CustomerDaoImpl，代码如下。

```
@Repository
public class CustomerDaoImpl implements CustomerDao {
    @Autowired
    private JdbcTemplate jdbcTemplate;

    //添加客户信息
    public int saveCustomer(Customer customer) {
        String sql="insert into tb_customer(jobNo,name,departMent) values(?,?,?)";
        int result=jdbcTemplate.update(sql,new Object[]
{customer.getJobNo(),customer.getName(),customer.getDepartment()});
        return result;
    }

    //获取所有客户信息
    public List<Customer> getAllCustomer() {
        String sql="select *from tb_customer";
        return jdbcTemplate.query(sql,
new BeanPropertyRowMapper<>(Customer.class));
    }

    //根据 id 查询客户信息
    public Customer getCustomerById(Integer id) {
        String sql="select * from tb_customer where id=?";
        return jdbcTemplate.queryForObject(sql,
new BeanPropertyRowMapper<>(Customer.class),id);
    }
```

```
    //修改客户信息
    public int updateCustomer(Customer customer) {
        String sql="update tb_customer set jobNo=?,name=?,departMent=?
where id=?";
        return jdbcTemplate.update(sql,customer.getJobNo(),customer.getName(),
customer.getDepartment(),customer.getId());
    }


    //删除客户信息
    public int deleteCustomer(Integer id) {
        String sql="delete from tb_customer where id=?";
        return jdbcTemplate.update(sql,id);
    }
}
```

⑤ 创建服务层接口与实现类。

创建服务层接口 CustomerService，代码如下。

```
public interface CustomerService {
    //添加客户信息
    public  int saveCustomer(Customer Customer);
    //获取所有客户信息
    public List<Customer> getAllCustomer();
    //根据id查询客户信息
     public Customer getCustomerById(Integer id);
    //修改客户信息
    public int updateCustomer(Customer customer);
    //删除客户信息
    public int deleteCustomer(Integer id);
}
```

创建服务层实现类 CustomerServiceImpl，代码如下。

```
@Service
public class CustomerServiceImpl implements  CustomerService{
    @Autowired
    CustomerDao customerDao;

    //添加客户信息
    public int saveCustomer(Customer customer) {
        return customerDao.saveCustomer(customer);
    }

    //获取所有客户信息
    public List<Customer> getAllCustomer() {
        return customerDao.getAllCustomer();
    }

    //根据id查询客户信息
```

```
    public Customer getCustomerById(Integer id) {
        return customerDao.getCustomerById(id);
    }

    //修改客户信息
    public int updateCustomer(Customer customer) {
        return customerDao.updateCustomer(customer);
    }

    //删除客户信息
    public int deleteCustomer(Integer id) {
        return customerDao.deleteCustomer(id);
    }
}
```

⑥ 创建控制类 CustomerController。

```
@RestController
public class CustomerController {
    @Autowired
    CustomerServcie customerServcie;
    //添加客户信息
    @GetMapping("/save")
    public String saveCustomer(){
        Customer customer=new Customer();
        customer.setJobNo("J00353");
        customer.setName("张三峰");
        customer.setDepartment("软件学院");
        int result=customerServcie.saveCustomer(customer);
        if(result>0){
            return"添加客户信息成功! ";
        }else{
            return"添加客户信息失败! ";
        }
    }

    //获取所有客户信息
    @GetMapping("/getAll")
    public String  getAllCustomer(){
        return customerServcie.getAllCustomer().toString();
    }

    //根据id查询客户信息
    @GetMapping("/getCustomer/{id}")
    public Customer getCustomerById(@PathVariable Integer id){
        return customerServcie.getCustomerById(id);
    }

    //修改客户信息
```

```
@GetMapping("/update")
public String  updateCustomer(Customer customer){
    customer.setId(9);
    customer.setName("孙贺祥");
    customer.setJobNo("J00110");
    customer.setDepartment("软件学院");
    int result=customerServcie.updateCustomer(customer);
    if(result>0){
        return"修改客户信息成功! ";
    }else{
        return"修改客户信息失败! ";
    }
}

//删除客户信息
@GetMapping("/delete/{id}")
public String  deleteCustomer(@PathVariable  Integer id){
   int result=customerServcie.deleteCustomer(id);
   if(result>0){
       return"删除客户信息成功! ";
   }else{
       return"删除客户信息失败! ";
   }
}
}
```

启动项目，测试查询客户信息与添加客户信息的操作，如图 3-4 和图 3-5 所示。

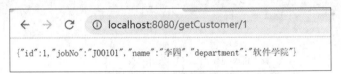

图 3-4　查询 id=1 的客户信息

图 3-5　添加客户信息

【课堂实践】使用 Druid、JdbcTemplate 开发一个学生管理模块，该模块包括显示学生信息列表、添加学生信息、修改学生信息和删除学生信息等功能。

【任务实现】

在某公司资产管理系统中，系统设置的角色管理模块主要包括添加角色信息、修改角色信息、删除角色信息、显示角色信息与查询角色信息等功能，实现该模块的具体步骤如下。

① 创建 Spring Boot 项目，配置开发环境。

创建 Spring Boot 项目，配置数据库、Druid、spring-boot-starter-jdbc、spring-boot-starter-web

慕课 3-3

任务 3.1 分析与实现

47

等依赖。

② 创建实体类。

创建实体类 Sys_role，代码如下。

```java
@Data
public class Sys_role {
    private int id;
    private String name;
    private String description;
    private long create_time;
    private String create_by;
    private long update_time;
    private String update_by;
    private int del_flag;
}
```

③ 创建 Dao 层接口和实现类。

创建 Dao 层接口 Sys_roleDao，代码如下。

```java
public interface Sys_roleDao {
    //添加角色信息
    public int saveSys_role(Sys_role sys_role);
    //获取所有角色信息
    public List<Sys_role> getAllSys_role();
    //根据 id 查询角色信息
    public Sys_role getSys_roleById(Integer id);
    //修改角色信息
    public int updateSys_role(Sys_role sys_role);
    //根据 id 删除角色信息
    public int deleteSys_roleById (Integer id);
}
```

创建 Dao 层实现类 Sys_roleDaoImpl，代码如下。

```java
@Repository
public class Sys_roleDaoImpl implements Sys_roleDao{
    @Autowired
    private JdbcTemplate jdbcTemplate;

    //添加角色信息
    public int saveSys_role(Sys_role sys_role) {
        String sql="insert into sys_role(name,description,create_time
,create_by,update_time,update_by,del_flag) values(?,?,?,?,?,?,?)";
        int result=jdbcTemplate.update(sql,new Object[]{sys_role.getName(),
sys_role.getDescription(),sys_role.getCreate_time(),sys_role.getCreate_by(),
sys_role.getUpdate_time(),sys_role.getUpdate_by(),sys_role.getDel_flag()});
        return result;
    }

    //获取所有角色信息
        public List<Sys_role> getAllSys_role() {
```

```
    String sql="select * from sys_role";
    return jdbcTemplate.query(sql,new BeanPropertyRowMapper<>(Sys_role.class));
}


//根据id查询角色信息
public Sys_role getSys_roleById(Integer id) {
    String sql="select * from sys_role where id=?";
    return jdbcTemplate.queryForObject(sql,
                        new BeanPropertyRowMapper<>(Sys_role.class),id);
}


//修改角色信息
public  int updateSys_role(Sys_role sys_role) {
    Stringsql="update sys_role set name=?,description=?,create_time=?,create_by=?,
                        update_time=?,del_flag=? where id=?";
    return jdbcTemplate.update(sql, sys_role.getName(),sys_role.getDescription(),
            sys_role.getCreate_time(),sys_role.getCreate_by(),
            sys_role.getUpdate_time(),sys_role.getDel_flag(),sys_role.getId());
}


//根据id删除角色信息
public int deleteSys_roleById(Integer id) {
    String sql="delete from sys_role where id=?";
    return jdbcTemplate.update(sql,id);
}
}
```

④ 创建服务层接口和实现类。

创建服务层接口 Sys_roleService，代码如下。

```
public  interface Sys_roleService {
  //添加角色信息
  public  int saveSys_role(Sys_role sys_role);
  //获取所有角色信息
  public List<Sys_role> getAllSys_role();
  //根据id查询角色信息
  public Sys_role getSys_roleById(Integer id);
  //修改角色信息
  public int updateSys_role(Sys_role sys_role);
  //根据id删除角色信息
  public int deleteSys_roleById (Integer id);
}
```

创建服务层实现类 Sys_roleServiceImpl，代码如下。

```
@Service
public class Sys_roleServiceImpl implements Sys_roleService{
    @Autowired
    private Sys_roleDao sys_roleDao;
```

```
    //添加角色信息
    public int saveSys_role(Sys_role sys_role) {
        return sys_roleDao.saveSys_role(sys_role);
    }

    //获取所有角色信息
    public List<Sys_role> getAllSys_role() {
        return sys_roleDao.getAllSys_role();
    }

    //根据 id 查询角色信息
    public Sys_role getSys_roleById(Integer id) {
        return sys_roleDao.getSys_roleById(id);
    }

    //修改角色信息
    public int updateSys_role(Sys_role sys_role) {
        return sys_roleDao.updateSys_role(sys_role);
    }

    //根据 id 删除角色信息
    public int deleteSys_roleById(Integer id) {
        return sys_roleDao.deleteSys_roleById(id);
    }
}
```

⑤ 创建控制类。

创建控制类 Sys_Controller，代码如下。

```
@RestController
public class Sys_Controller {
    @Autowired
    Sys_roleService sys_roleServcie;

    //添加角色信息
    @GetMapping("/saveRole")
    public String saveSys_role(){
        Sys_role sys_role=new Sys_role();
        sys_role.setName("总经理助理");
        sys_role.setDescription("辅助总经理工作");
        sys_role.setCreate_time((new Date()).getTime());
        sys_role.setCreate_by(null);
        sys_role.setUpdate_time((new Date()).getTime());
        sys_role.setUpdate_by(null);
        sys_role.setDel_flag(0);
        int result=sys_roleServcie.saveSys_role(sys_role);
        if(result>0){
            return "添加角色信息成功！";
```

```
        }else{
            return "添加角色信息失败！";
        }
    }


    //获取所有角色信息
    @GetMapping("/getAllRole")
    public String getAllSys_role(){
        return sys_roleServcie.getAllSys_role().toString();
    }
    //根据id查询角色信息
    @GetMapping("/getSysRoleById/{id}")
    public Sys_role getSys-roleById(@PathVariable Integer id){
        return  sys_roleServcie.getSys_roleById(id);
    }


    //修改角色信息
    @GetMapping("/updateSysRole")
    public String  updateSys-role(Sys_role sys_role){
        sys_role.setId(16);
        sys_role.setName("总经理助理 1");
        sys_role.setDescription("辅助总经理工作 1");
        sys_role.setCreate_time((new Date()).getTime());
        sys_role.setCreate_by(null);
        sys_role.setUpdate_time((new Date()).getTime());
        sys_role.setUpdate_by(null);
        sys_role.setDel_flag(0);
        int result=sys_roleServcie.updateSys_role(sys_role);
        if(result>0){
            return "修改角色信息成功！";
        }else{
            return "修改角色信息失败！";
        }
    }


    //删除角色信息
    @GetMapping("/deleteSysRoleById/{id}")
    public String   deleteSys-roleById(@PathVariable  Integer id){
        int result= sys_roleServcie.deleteSys_roleById(id);
        if(result>0){
            return "删除角色信息成功！";
        }else{
            return "删除角色信息失败！";
        }
    }
}
```

运行程序，这里只展示添加角色信息的运行结果，如图 3-6 和图 3-7 所示。

图 3-6　添加角色信息输入页面

图 3-7　添加角色信息成功

任务 3.2　某公司资产管理系统的部门管理

【任务描述】

素养拓展

服务社会的
"ORM"思维

　　MyBatis 是一个优秀的持久层框架，通过提供 Dao 层，将业务逻辑和数据访问逻辑分离，使系统的设计更清晰，系统更易维护、更易进行单元测试。SQL 语句和代码的分离，提高了系统可维护性。MyBatis-Plus（简称 MP）是一个 MyBatis 的增强工具，在 MyBatis 的基础上只做增强而不做改变，它是为简化开发、提高效率而生的。本任务主要介绍如何使用 Spring Boot 整合 MyBatis、MyBatis-Plus，如何使用 Spring Boot 与 MyBatis-Plus 开发某公司资产管理系统的部门管理模块，该模块包括显示部门信息、根据 id 查询部门信息、添加部门信息、修改部门信息、删除部门信息等功能。

【技术分析】

　　使用 Spring Boot 整合 MyBatis 时需要引入 MyBatis 依赖，在 pom.xml 文件中配置 mybatis-spring-boot-starter，同时需要注意 MyBatis 的映射文件的位置，该映射文件放置在 resources/mapper 目录下。使用 Spring Boot 整合 MyBatis-Plus 时需要引入 MyBatis-Plus 依赖，在 pom.xml 文件中配置 mybatis-plus-boot-starter，由于 MyBatis-Plus 中包含常见的数据库核心操作，一般不需要配置映射文件。

慕课 3-4

MyBatis

【支撑知识】

1. MyBatis 概述

　　MyBatis 是一个优秀的持久层框架，它对 JDBC 操作数据库的过程进行封装，使开发者只需要关注 SQL 语句本身，而不需要花费精力去处理如注册驱动、创建 connection、创建 statement、手动设置参数、结果集检索等 JDBC 繁杂的过程代码。

　　MyBatis 通过 XML 配置文件或注解的方式配置要执行的各种 Statement 或 preparedStatement，并通过 Java 对象和 Statement 中的 SQL 语句进行映射，生成最终执行的

SQL 语句，最后由 MyBatis 执行 SQL 语句并将结果映射成 Java 对象返回。

【示例 3-3】使用 Spring Boot 整合 MyBatis，实现根据用户 id 查询用户信息功能，用户信息存储在用户表中。具体开发步骤如下。

① 创建 Spring Boot 项目，添加 MyBatis 依赖。

```
<dependency>
    <groupId>org.springframework.boot</groupId>
    <artifactId>spring-boot-starter-web</artifactId>
</dependency>
<dependency>
    <groupId>org.mybatis.spring.boot</groupId>
    <artifactId>mybatis-spring-boot-starter</artifactId>
    <version>2.2.0</version>
</dependency>
```

说明：mybatis-spring-boot-starter 是 MyBatis 的依赖。

② 创建用户类、用户表。

创建用户类 User 的代码如下，用户表的字段可以参考用户类属性，这里省略用户表的创建。

```
@Data
public class User {
    private int id;
    private String name;
    private int age;
    private String email;
}
```

③ 创建 Mapper 接口与映射文件。

创建 Mapper 接口 UserMapper，代码如下。

```
public interface UserMapper {
    //根据id查询用户信息
    public User getUserById(Integer id);
}
```

相应的映射文件 UserMapper.xml 中的核心配置如下。

```
<select id="getUserById" resultType="User" parameterType="int">
    select * from tb_user where id=#{id}
</select>
```

④ 创建服务层接口和实现类。

创建服务层接口 UserService，代码如下。

```
public interface UserService {
    //根据id查询用户信息
    public User getUserById(Integer id);
}
```

创建实现类 UserServiceImpl，代码如下。

```
@Service
public class UserServiceImpl implements UserService {
    @Autowired
```

```
    private UserMapper userMapper;
    //根据id查询用户信息
    public User getUserById(Integer id) {
        return userMapper.getUserById(id);
    }
}
```

⑤ 创建控制类。

创建控制类 UserController，代码如下。

```
@RestController
public class UserController {
    @Autowired
    private UserService userService;
    //根据用户id查询用户信息
    @GetMapping("/getUserById/{id}")
    public User getUserById(@PathVariable  Integer id){
        System.out.println("id="+id);
        return userService.getUserById(id);
    }
}
```

启动项目，在浏览器中访问 http://localhost:8080/getUserById/3，运行结果如图 3-8 所示。

慕课 3-5

MyBatis-Plus

图 3-8　根据用户 id 查询用户信息

2. MyBatis-Plus

在使用过程中，MyBatis-Plus 提供一套通用的 Mapper 和 Service 的操作，只需要继承基本配置即可使用单表的大部分 CRUD 操作；MyBatis-Plus 还支持 Lambda 形式调用、支持多种数据库操作；MyBatis-Plus 内置了代码生成器、物理分页插件，MyBatis-Plus 内置的代码生成器可以生成实体、持久层接口、XML 文件。

MyBatis-Plus 中的基本配置接口是 BaseMapper，在该接口里面声明了很强大的 CRUD 方法，其主要包括的方法如下面代码所示。

```
public interface BaseMapper<T> extends Mapper<T> {
    /**
     * 插入一条记录
     * @param entity 实体对象
     */
    int insert(T entity);
    /**
     * 根据 id 删除
     * @param id: 主键 id
     */
    int deleteById(Serializable id);
    /**
```

```
    * 根据 columnMap 条件，删除记录
    * @param columnMap 表字段 map 对象
    */
  int deleteByMap(@Param("cm") Map<String, Object> columnMap);
  /**
    * 根据 entity 条件，删除记录
    * @param wrapper 实体对象封装操作类（可以为 null）
    */
  int delete(@Param("ew") Wrapper<T> wrapper);
  /**
    * 删除（根据 id 批量删除）
    * @param idList 主键 id 列表（不能为 null 及 empty）
    */
  int deleteBatchIds(@Param("coll") Collection<? extends Serializable> idList);
  /**
    * 根据 id 修改
    * @param entity 实体对象
    */
  int updateById(@Param("et") T entity);
  /**
    * 根据 whereEntity 条件，更新记录
    * @param entity 实体对象（set 条件值，不能为 null）
    * @param updateWrapper 实体对象封装操作类
    *（可以为 null，里面的 entity 用于生成 where 语句）
    */
  int update(@Param("et") T entity, @Param("ew") Wrapper<T> updateWrapper);
  /**
    * 根据 id 查询
    * @param id 主键 id
    */
  T selectById(Serializable id);
  /**
    * 查询（根据 id 批量查询）
    * @param idList 主键 id 列表（不能为 null 及 empty）
    */
  List<T> selectBatchIds(@Param("coll") Collection<? extends Serializable>
idList);
  /**
    * 查询（根据 columnMap 条件）
    * @param columnMap 表字段 map 对象
    */
  List<T> selectByMap(@Param("cm") Map<String, Object> columnMap);
  /**
    * 根据 entity 条件，查询一条记录
    * @param queryWrapper 实体对象
    */
  T selectOne(@Param("ew") Wrapper<T> queryWrapper);
```

```
    /**
     * 根据 Wrapper 条件，查询总记录数
     * @param queryWrapper 实体对象
     */
Integer selectCount(@Param("ew") Wrapper<T> queryWrapper);
    /**
     * 根据 entity 条件，查询全部记录
     * @param queryWrapper 实体对象封装操作类（可以为 null）
     */
List<T> selectList(@Param("ew") Wrapper<T> queryWrapper);
    /**
     * 根据 Wrapper 条件，查询全部记录
     * @param queryWrapper 实体对象封装操作类（可以为 null）
     */
List<Map<String, Object>> selectMaps(@Param("ew")
                                     Wrapper<T> queryWrapper);
    /**
     * 根据 Wrapper 条件，查询全部记录
     * 注意： 只返回第一个字段的值
     * @param queryWrapper 实体对象封装操作类（可以为 null）
     */
List<Object> selectObjs(@Param("ew") Wrapper<T> queryWrapper);

    /**
     * 根据 entity 条件，查询全部记录（并分页）
     * @param page 分页查询条件（可以为 RowBounds.DEFAULT）
     * @param queryWrapper 实体对象封装操作类（可以为 null）
     */
<E extends IPage<T>> E selectPage(E page, @Param("ew")
                                          Wrapper<T> queryWrapper);
    /**
     * 根据 Wrapper 条件，查询全部记录（并分页）
     * @param page 分页查询条件
     * @param queryWrapper 实体对象封装操作类
     */
    <E extends IPage<Map<String, Object>>> E selectMapsPage(E page,
                              @Param("ew") Wrapper<T> queryWrapper);
}
```

在 BaseMapper 中主要描述了增、删、改、查等各种操作，读者可以结合上述代码及注释具体了解。

【示例 3-4】使用 Spring Boot 整合 MyBatis-Plus，实现查询所有用户信息的功能，数据库表与示例 3-3 的一致，具体开发步骤如下。

① 创建 Spring Boot 项目，添加 MyBatis-Plus 依赖。

在 pom.xml 文件中加入 MyBatis-Plus 依赖，代码如下。

```
<dependency>
    <groupId>org.springframework.boot</groupId>
```

```
    <artifactId>spring-boot-starter-web</artifactId>
</dependency>
<!-- MyBatis-Plus 依赖 -->
<dependency>
    <groupId>com.baomidou</groupId>
    <artifactId>mybatis-plus-boot-starter</artifactId>
    <version>3.3.2</version>
</dependency>
```

② 创建 Mapper 接口。

创建Mapper接口UserMapper，此接口只要继承MyBatis-Plus的基本配置接口BaseMapper即可，代码如下。

```
public interface UserMapper extends BaseMapper<User> { }
```

③ 创建服务层接口和实现类。

创建服务层接口 UserService，代码如下。

```
public interface UserService {
    public List<User> getAllUsers() ;
}
```

创建服务层实现类 UserServiceImpl，代码如下。

```
@Service
public class UserServiceImpl implements  UserService {
    @Autowired
    private UserMapper userMapper;
    @Override
    public String getAllUsers() {
        System.out.println(("----- selectAll method test ------"));
        List<User> userList = userMapper.selectList(null);
        for(User user:userList) {
            System.out.println(user);
        }
        return userList.toString();
    }
}
```

④ 创建控制类。

创建控制类 UserController，代码如下。

```
@RestController
public class UserController {
    @Autowired
    private UserService userService;
    @GetMapping("/getAllUsers")
    public String  getAllUsers(){
        return userService.getAllUsers();
    }
}
```

启动项目，在浏览器中访问 http://localhost:8080/getAllUsers，运行结果如图 3-9所示。

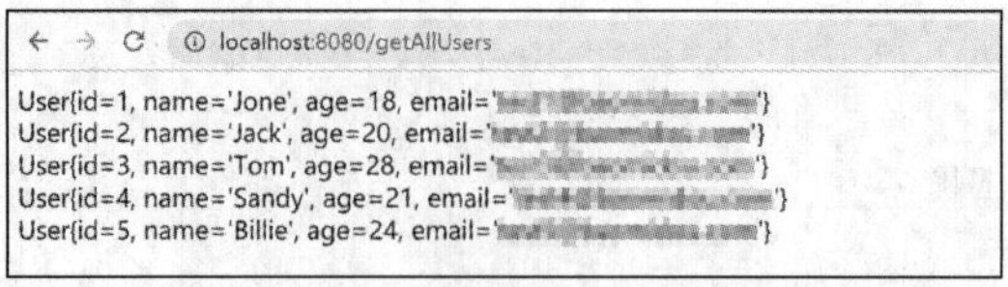

图 3-9　查询所有用户信息

【课堂实践】使用 MyBatis-Plus 开发一个城市公交线路管理模块，该模块包括添加公交线路信息、修改公交线路信息、删除公交线路信息、显示公交线路信息、根据名称查询公交线路信息、根据线路号查询公交线路信息等功能。

慕课 3-6

任务 3.2 分析与实现

【任务实现】

在某公司资产管理系统中，系统设置的部门管理模块主要包括显示部门信息、添加部门信息、修改部门信息、删除部门信息、查询部门信息等功能，具体开发步骤如下。

① 创建 Spring Boot 项目，配置开发环境。

创建 Spring Boot 项目，配置数据库、Druid、mybatis-plus-boot-starter、spring-boot-starter-web 等依赖。

② 创建系统部门实体类与分页实体类。

创建部门实体类 Sys_Department，代码如下。

```
@Data
@TableName("sys_department")// 映射
public class Sys_Department {
    private int id;
    private int pid;//上级部门
    private String name;//部门名称
    private String description;//描述
    private long create_time;//创建时间
    private String create_by;//创建人
    private long update_time;//修改时间
    private String update_by;//修改人
    private int del_flag;//是否删除
    private String sub_ids;//所有子部门id
}
```

创建分页实体类 Sys_DepartmentVo，代码如下。

```
@Data
public class Sys_DepartmentVo {
        private Integer current;//当前页
        private Integer size;//每一页数量
        private Long total;//总数
        private List<Sys_Department> sys_departmentList;//每一页的内容
}
```

③ 创建 Mapper 接口。

创建 Mapper 接口 Sys_DepartmentMapper，该接口继承 BaseMapper，代码如下。

```
@Repository
```

```
@Mapper
public interface Sys_DepartmentMapper extends  BaseMapper<Sys_Department> {
}
```

④ 创建 MyBatis-Plus 配置类。

创建 config 文件夹，在该文件夹下创建 MyBatis-Plus 配置类，代码如下。

```
@Configuration
@ConditionalOnClass(value = {PaginationInterceptor.class})
public class MybatisPlusConfig {
    //分页拦截器
    @Bean
    public PaginationInterceptor paginationInterceptor() {
        PaginationInterceptor paginationInterceptor = new PaginationInterceptor();
        return paginationInterceptor;
    }
}
```

⑤ 创建服务层接口和实现类。

创建服务层接口 Sys_DepartmentService，代码如下。

```
public interface Sys_DepartmentService {
    //查询所有部门信息
    public List<Sys_Department> getAllSys_Departments();
    //根据 id 查询部门信息
    public Sys_Department getSys_DepartmentById(Integer id);
    //添加部门信息
    public boolean insertSys_Department(Sys_Department sys_department);
    //根据 id 删除部门信息
    public boolean deleteSys_DepartmentById(Integer id);
    //修改部门信息
    public boolean updateSys_Department(Sys_Department sys_department);
    //分页查询部门信息
    public Sys_DepartmentVo queryList(Integer current, Integer size);
}
```

创建服务层实现类 Sys_DepartmentServiceImpl，代码如下。

```
@Service
public class Sys_DepartmentServiceImpl implements Sys_DepartmentService {
    @Autowired
    private Sys_DepartmentMapper sys_departmentMapper;

    //查询所有部门信息
    public List<Sys_Department> getAllSys_Departments(){
        List<Sys_Department> sys_departments=
                                        sys_departmentMapper.selectList(null);
        System.out.println(sys_departments);
        return sys_departments;
    }

    //根据 id 查询部门信息
```

```
public Sys_Department getSys_DepartmentById(Integer id) {
    return sys_departmentMapper.selectById(id);
}

//添加部门信息
public boolean insertSys_Department(Sys_Department sys_department) {
    return sys_departmentMapper.insert(sys_department)>0?true:false;
}

//根据 id 删除部门信息
public boolean deleteSys_DepartmentById(Integer id) {
    return sys_departmentMapper.deleteById(id)>0?true:false;
}

//修改部门信息
public boolean updateSys_Department(Sys_Department sys_department) {
    return sys_departmentMapper.updateById(sys_department)>0?true:false;
}

//分页查询部门信息
public Sys_DepartmentVo queryList(Integer current, Integer size) {
    Sys_DepartmentVo sys_departmentVo = new Sys_DepartmentVo();
    IPage<Sys_Department> page = new Page<>(current, size);
    sys_departmentMapper.selectPage(page, null);
    sys_departmentVo.setCurrent(current);
    sys_departmentVo.setSize(size);
    sys_departmentVo.setTotal(page.getTotal());
    sys_departmentVo.setSys_departmentList(page.getRecords());
    return sys_departmentVo;
}
}
```

⑥ 创建控制类。

创建控制类 Sys_DepartmentController，代码如下。

```
aRestController
public class Sys_DepartmentController {
    @Autowired
    private Sys_DepartmentService sysDepartmentService;

    //查询所有部门信息
    @GetMapping("/getAllSys_Departments")
    public String getAllSys-Departments(){
        return sysDepartmentService.getAllSys_Departments().toString();
    }

    //根据 id 查询部门信息
    @GetMapping("/getSys_DepartmentById/{id}")
```

```java
public Sys_Department getSys_DepartmentById(@PathVariable Integer id){
    return sysDepartmentService.getSys_DepartmentById(id);
}

//添加部门信息
@GetMapping("/insertSys_Department")
public String insertSys_Department(){
    Sys_Department sys_department=new Sys_Department();
    sys_department.setName("企划营销部-05");
    sys_department.setPid(15);
    sys_department.setDescription("企划营销部-05");
    sys_department.setCreate_time((new Date()).getTime());
    sys_department.setCreate_by(Integer.toString(3));
    sys_department.setUpdate_time((new Date()).getTime());
    sys_department.setUpdate_by(null);
    sys_department.setDel_flag(0);
    sys_department.setSub_ids(null);
    boolean result=sysDepartmentService.insertSys_Department(sys_department);
    if(result){
        return "添加部门信息成功! ";
    }else{
        return "添加部门信息失败! ";
    }
}

//根据id删除部门信息
@GetMapping("/deleteSys_DepartmentById/{id}")
public String deleteSys_DepartmentById(@PathVariable  Integer id){
    boolean result=sysDepartmentService.deleteSys_DepartmentById(id);
    if(result){
        return "删除部门信息成功! ";
    }else{
        return "删除部门信息失败! ";
    }
}

//修改部门信息
@GetMapping("/updateSys_Department")
public String updateSys_Department(){
    Sys_Department sys_department=new Sys_Department();
    sys_department.setId(12);
    sys_department.setPid(15);
    sys_department.setDescription("企划营销部-031");
    sys_department.setCreate_time((new Date()).getTime());
    sys_department.setCreate_by(Integer.toString(3));
    sys_department.setUpdate_time((new Date()).getTime());
    sys_department.setUpdate_by(null);
```

```
        sys_department.setDel_flag(1);
        sys_department.setSub_ids(null);
        boolean result=sysDepartmentService.updateSys_Department(sys_department);
        if(result){
            return "修改部门信息成功! ";
        }else {
            return "修改部门信息失败! ";
        }
    }
//分页查询部门信息
@GetMapping("/querySys_Department/{current}/{size}")
public Sys_DepartmentVo queryList(@PathVariable Integer current,
@PathVariable Integer size) {
        return sysDepartmentService.queryList(current,size);
    }
}
```

启动项目，部门管理模块中的添加、修改、删除及分页查询部门信息等页面分别如图 3-10～图 3-13 所示。

图 3-10　添加部门信息页面

图 3-11　修改部门信息页面

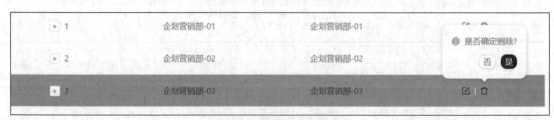

图 3-12　删除部门信息页面

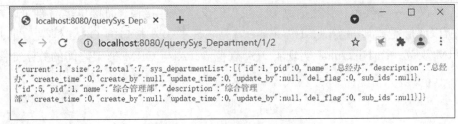

{"current":1,"size":2,"total":7,"sys_departmentList":[{"id":1,"pid":0,"name":"总经办","description":"总经办","create_time":0,"create_by":null,"update_time":0,"update_by":null,"del_flag":0,"sub_ids":null},{"id":5,"pid":1,"name":"综合管理部","description":"综合管理部","create_time":0,"create_by":null,"update_time":0,"update_by":null,"del_flag":0,"sub_ids":null}]}

图 3-13　分页查询部门信息页面

任务 **3.3**　某公司资产管理系统的资产类型管理

【任务描述】

　　Spring Data JPA（Java Persistence API，Java 持久化 API）是 Spring 提供的一套简化 JPA 开发的框架，本任务主要介绍如何使用 Spring Boot 整合 Spring Data JPA，如何使用 Spring Boot 与 Spring Data JPA 开发某公司资产管理系统的资产类型管理模块，该模块主要包括显示资产类型、新增资产类型、修改资产类型、删除资产类型、查询资产类型等功能。

【技术分析】

　　JPA 是一种规范或标准，用来操作实体对象，执行 CRUD 操作，使框架在后台替代用户完成所有的事情，使开发者从烦琐的 JDBC 和 SQL 代码中解脱出来。Spring Data JPA 是 Spring 提供的一套简化 JPA 开发的框架，提供了很多除了 CRUD 操作之外的功能，如分页、排序、复杂查询等。本任务分析 JPA 与 Spring Data JPA 的原理，同时介绍使用 Spring Boot 整合 Spring Data JPA 的具体步骤。

慕课 3-7

JPA

【支撑知识】

1. 什么是 JPA

　　JPA 是 Sun 公司为 Java 官方制定的一套 ORM（Object Relational Mapping，对象关系映射）方案，是一种规范或标准。JPA 定义了独特的 JPQL（Java Persistence Query Language，Java 持久化查询语言）。JPQL 是针对实体的一种查询语言，操作对象是实体，而不是关系数据库表，而且能够支持批量更新和修改、JOIN、GROUP BY、HAVING 等通常只有 SQL 语句才能够提供的高级查询特性，甚至能够支持子查询。JPA 可以通过注解或者 XML 描述对象-关系表之间的映射关系，并将实体对象持久化到数据库表中。

　　JPA 为我们提供了以下一些功能。

　　● **ORM 元数据**：JPA 支持 XML 和注解两种元数据的形式，元数据用来描述对象和关系表之间的映射关系，框架据此将实体对象持久化到数据库表中，如@Entity、@Table、@Column、@Transient 等注解。

　　● **JPA 的 API**：用来操作实体对象，执行 CRUD 操作，使框架在后台替我们完成所有的事情，使开发者从烦琐的 JDBC 和 SQL 代码中解脱出来，如 entityManager.merge（T t）。

素养拓展

提供服务的窗口"JPA"

　　● **JPQL**：通过面向对象而非面向数据库的查询语言查询数据，避免程序的 SQL 语句紧密耦合，如 from Student s where s.name=?。

JPA 仅仅是一种规范，也就是说 JPA 仅仅定义了一些接口，而接口是需要实现才能工作的。所以底层需要某种实现，Hibernate 就是实现了 JPA 接口的 ORM 框架，即 JPA 是一套 ORM 规范，而 Hibernate 实现了 JPA 规范。JPA 与 ORM 框架之间的关系如图 3-14 所示。

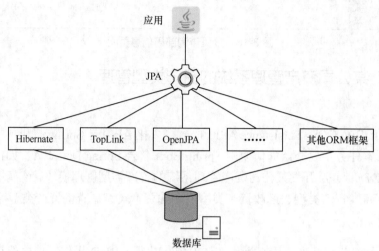

图 3-14　JPA 与 ORM 框架之间的关系

2. Spring Data JPA

Spring Data JPA 是 Spring 提供的一套简化 JPA 开发的框架，按照约定好的方法命名规则编写 Dao 层接口，就可以在不编写接口实现的情况下，实现对数据库的访问和操作。Spring Data JPA 可以理解为 JPA 规范的再次封装抽象，底层还是使用 Hibernate 的 JPA 实现。Spring Data JPA、JPA 与 ORM 框架的关系如图 3-15 所示。

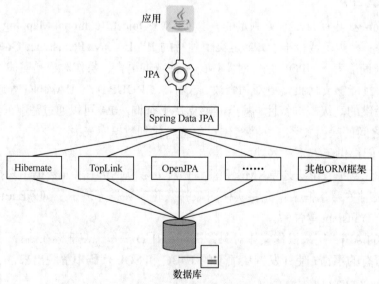

图 3-15　Spring Data JPA、JPA 与 ORM 框架的关系

Spring Data JPA 中主要有 5 个接口，下面介绍这 5 个接口。

（1）Repository 接口

用户定义的 Dao 层接口继承 Repository 接口后，即可根据方法命名规则或@Query 注解对数据库进行操作，代码如下。

```
@org.springframework.stereotype.Repository
public interface UserRepository  extends Repository<User, Integer> {
}
```

① Repository 接口中提供了根据方法名查询的方式。

方法的名称要遵循 findBy+属性名（首字母大写）+查询条件（首字母大写）的格式，具体如下。

- findByNameLike（String name）；
- findByName（String name）；
- findByNameAndAge（String name，Integer age）；
- findByNameOrAddress（String name）。

② Repository 接口中提供了基于@Query 注解的查询和更新操作。

```
/**
 * nativeQuery 的值是 true，执行的时候不用再转化
 * @param name
 * @return
 */
@Query(value = "SELECT * FROM table_user WHERE name = ?1", nativeQuery = true)
List<User> findByUsernameSQL(String name);
```

③ Repository 接口中提供了基于 HQL（Hibernate Query Language，Hibernate 查询语言）的查询操作。

```
/**
 * 基于 HQL
 * @param name
 * @param id
 * @return
 */
@Query("Update User set name = ?1 WHERE id = ?2")
@Modifying
int updateNameAndId(String name, Integer id);
```

（2）CrudRepository 接口

该接口提供了 11 个常用操作方法。该接口的代码如下。

```
@NoRepositoryBean
public interface CrudRepository<T,ID extendsSerializable> extends Repository<T, ID>{
 <S extends T> S save(S entity);//保存
 <S extends T> Iterable<S> save(Iterable<S> entities);//批量保存
 T findOne(ID id);//根据 id 查询一个对象，返回对象本身。当对象不存在时，返回 null
 Iterable<T> findAll();//查询所有的对象
 Iterable<T> findAll(Iterable<ID> ids);//根据 id 列表查询所有的对象
 boolean exists(ID id);//根据 id 判断对象是否存在
 long count();//计算对象的总数
```

```
void delete(ID id);//根据id 删除一个对象
void delete(T entity);//删除一个对象
void delete(Iterable<? extendsT> entities);//批量删除所有对象（后台执行时，一条一条地删除）
void deleteAll();//删除所有对象（后台执行时，一条一条地删除）
}
```

其中 T 是要操作的实体类，ID 是实体类主键的类型。

（3）PagingAndSortingRepository 接口

该接口继承 CrudRepository 接口，提供了两个方法，实现了分页和排序的功能。该接口的代码如下。

```
@NoRepositoryBean
public interface PagingAndSortingRepository<T,ID extends Serializable> extends
CrudRepository<T, ID> {
  Iterable<T> findAll(Sort sort);// 仅排序
  Page<T> findAll(Pageable pageable);// 分页和排序
}
```

（4）JpaRepository 接口

该接口继承 PagingAndSortingRepository 接口与 QueryByExampleExecutor 接口，这是一个用"实例"进行查询的接口。该接口的代码如下。

```
@NoRepositoryBean
public interface JpaRepository<T, ID extends Serializable>
    extends PagingAndSortingRepository<T, ID>,QueryByExampleExecutor<T> {
  List<T> findAll(); //查询所有对象，返回List
  List<T> findAll(Sort sort); //查询所有对象并排序，返回List
  List<T> findAll(Iterable<ID> ids); //根据id 列表查询所有对象，返回List
  void flush(); //强制缓存与数据库同步
  <S extends T> List<S> save(Iterable<S> entities); //批量保存，并返回对象
  List<S extends T> S saveAndFlush(S entity);//保存并强制同步数据
  void deleteInBatch(Iterable<T> entities);//批量删除所有对象（后台执行时，生成一条语句执
行，用多个or条件）
  void deleteAllInBatch();//删除所有对象（执行一条语句，如delete from user）
  T getOne(ID id); //根据id 查询一个对象，返回对象的引用（区别于findOne）。当对象不存在时，返
回的引用不是null，但各个属性值是null
  <S extends T> List<S> findAll(Example<S> example); //根据实例查询
  <S extends T> List<S> findAll(Example<S> example, Sort sort);//根据实例查询并排序
}
```

对于 JpaRepository 接口，说明如下。

• JpaRepository 接口有几个查询方法，和 CrudRepository 接口相比，该接口返回的是 List，使用起来更方便。

• JpaRepository 接口增加了 deleteAllInBatch 方法，在实际执行时，后台生成一条 SQL 语句，所以该接口的效率更高。相比较而言，CrudRepository 接口的删除方法在执行时都是一条一条地删除对应内容，即便是 deleteAll 方法在执行时也是一条一条地删除对应内容，效率较低。

• JpaRepository 接口增加了 getOne 方法，该方法返回的是对象引用，当查询的对象

不存在时，它的值不是 null。

（5）JpaSpecificationExecutor 接口

该接口提供了对 JPA Criteria 查询（动态查询）的支持。

Spring Data JPA 接口约定命名规则如表 3-2 所示。

表 3-2 Spring Data JPA 接口约定命名规则

序号	关键词	示例	同功能 JPQL
1	And	findByLastnameAndFirstname	… where x.lastname = ?1 and x.firstname = ?2
2	Or	findByLastnameOrFirstname	… where x.lastname = ?1 or x.firstname = ?2
3	Is、Equals	findByFirstname、findByFirstnameIs、findByFirstnameEquals	… where x.firstname = ?1
4	Between	findByStartDateBetween	… where x.startDate between ?1 and ?2
5	LessThan	findByAgeLessThan	… where x.age < ?1
6	LessThanEqual	findByAgeLessThanEqual	… where x.age <= ?1
7	GreaterThan	findByAgeGreaterThan	… where x.age > ?1
8	GreaterThanEqual	findByAgeGreaterThanEqual	… where x.age >= ?1
9	After	findByStartDateAfter	… where x.startDate > ?1
10	Before	findByStartDateBefore	… where x.startDate < ?1
11	IsNull	findByAgeIsNull	… where x.age is null
12	IsNotNull、NotNull	findByAge(Is)NotNull	… where x.age not null
13	Like	findByFirstnameLike	… where x.firstname like ?1
14	NotLike	findByFirstnameNotLike	… where x.firstname not like ?1
15	StartingWith	findByFirstnameStartingWith	… where x.firstname like ?1(parameter bound with appended %)
16	EndingWith	findByFirstnameEndingWith	… where x.firstname like ?1(parameter bound with prepended %)
17	Containing	findByFirstnameContaining	… where x.firstname like ?1(parameter bound wrapped in %)
18	OrderBy	findByAgeOrderByLastnameDesc	… where x.age = ?1 order by x.lastname desc
19	Not	findByLastnameNot	… where x.lastname <> ?1

续表

序号	关键词	示例	同功能 JPQL
20	In	findByAgeIn(Collection<Age> ages)	… where x.age in ?1
21	NotIn	findByAgeNotIn(Collection<Age> ages)	… where x.age not in ?1
22	True	findByActiveTrue	… where x.active = true
23	False	findByActiveFalse	… where x.active = false
24	IgnoreCase	findByFirstnameIgnoreCase	… where UPPER(x.firstname) = UPPER(?1)

说明如下。

· 按照 Spring Data JPA 接口约定命令规则，查询方法以 find/read/get 开头（比如 find、findBy、read、readBy、get、getBy 等），涉及条件查询时，条件的属性用条件关键字连接，要注意的是条件属性首字母需大写。框架在进行方法名解析时，首先会把方法名中多余的前缀截取掉，然后对剩下部分进行解析。

慕课 3-8

JPA 示例

· 如果方法的最后一个参数是 Sort 或者 Pageable 类型数据，框架也会提取相关的信息，以便按规则进行排序或者分页查询。

【示例 3-5】使用 Spring Data JPA 完成客户信息的管理，包括客户信息添加、删除、修改及客户信息分页查询等，具体开发步骤如下。

① 新建 Spring Boot 项目，在项目中加入 Web、MySQL、JPA 依赖。

```
<dependency>
    <groupId>org.springframework.boot</groupId>
    <artifactId>spring-boot-starter-data-jpa</artifactId>
</dependency>
<dependency>
    <groupId>org.springframework.boot</groupId>
    <artifactId>spring-boot-starter-web</artifactId>
</dependency>
<dependency>
    <groupId>mysql</groupId>
    <artifactId>mysql-connector-java</artifactId>
    <scope>runtime</scope>
</dependency>
```

② 配置 application.properties 配置文件。

在 application.properties 配置文件中进行数据库及 JPA 的配置，代码如下。

```
##数据库的配置
spring.datasource.type=com.alibaba.druid.pool.DruidDataSource
spring.datasource.url=jdbc:mysql:///springboot
spring.datasource.username=root
```

```
spring.datasource.password=123
## JPA 的配置
spring.jpa.show-sql=true
spring.jpa.database=mysql
spring.jpa.hibernate.ddl-auto=update
spring.jpa.properties.hibernate.dialect=org.hibernate.dialect.MySQL57Dialect
spring.jpa.hibernate.naming.physical-strategy=org.hibernate.boot.model.naming.Ph
ysicalNamingStrategyStandardI mpl
```

③ 创建客户类。

创建客户类 Customer，代码如下。

```
@Entity(name="tb_customer")
@Data
public class Customer {
    @Id
    @GeneratedValue(strategy=GenerationType.IDENTITY)
    private Integer id;
    @Column(name="jobNo",nullable=false)
    private String jobNo;
    @Column(name="name",nullable=false)
    private String name;
    @Column(name="departMent",nullable=false)
    private String departMent;
}
```

④ 创建客户 Dao 层接口。

创建客户 Dao 层接口 CustomerDao，代码如下。

```
public interface CustomerDao extends JpaRepository<Customer,Integer> {
    //查询所有客户信息
    List<Customer> findAllCustomer();
    //添加客户信息
    Customer saveCustomer(Customer customer);
    //根据id查询客户信息
    Customer getCustomerById(Integer id);
    //根据id删除客户信息
    void deleteCustomerById(Integer id);
    //分页查询
    Page<Customer> findAll(Pageable pageable);
}
```

⑤ 创建客户服务层实现类。

创建客户服务层实现类 CustomerService，代码如下。

```
@Service
public class CustomerService {
    @Autowired
    CustomerDao customerDao;

    //查询所有客户信息
    public  List<Customer> findAllCustomer(){
```

```
        return customerDao.findAll Customer ();
    }

    //添加客户信息
    public Customer saveCustomer(Customer customer){
        return customerDao.saveCustomer (customer);
    }

    //根据 id 查询客户信息
    public Customer getCustomerById(Integer id){
        return customerDao.getCustomer ById(id);
    }

    //根据 id 删除客户信息
    public void deleteCustomerById(Integer id){
        customerDao.deleteCustomerById(id);
    }

    //分页查询
    public Page<Customer> findAll(Pageable pageable){
        return customerDao.findAll(pageable);
    }
}
```

⑥ 创建客户控制类。

创建客户控制类 CustomerController，代码如下。

```
@RestController
public class CustomerController {
    @Autowired
    CustomerService customerService;

    //查询所有客户信息
    @GetMapping("/findAllCustomer")
    public  void findAllCustomer(){
        List<Customer> customers=customerService.findAllCustomer();
        System.out.println(customers.toString());
    }

    //添加客户信息
    @GetMapping("/save")
    public void saveCustomer(){
    Customer customer=new Customer();
    customer.setName("李云");
    customer.setJobNo("Z00108");
    customer.setDepartment ("销售部");
    customerService.saveCustomer(customer);
    System.out.println(customer);
```

```
    }

    //根据id查询客户信息
    @GetMapping("/getCustomer/{id}")
    public void getCustomerById(@PathVariable Integer id){
        Customer customer=customerService.getCustomerById(id);
        System.out.println(customer);
    }

    //根据id删除客户信息
    @GetMapping("/deleteCustomer/{id}")
    public void deleteCustomerById(@PathVariable Integer id){
        customerService.deleteCustomerById(id);
        System.out.println("删除成功! ");
    }

    //分页查询
    @GetMapping("/findAll")
    public void findAll(){
        PageRequest pageable=PageRequest.of(0,2);
        Page<Customer> page=customerService.findAll(pageable);
        System.out.println("总页数: "+page.getTotalPages());
        System.out.println("总的记录数: "+page.getTotalElements());
        System.out.println("查询结果: "+page.getContent());
        System.out.println("当前页数: "+page.getNumber()+1);
        System.out.println("当前记录数: "+page.getNumberOfElements());
        System.out.println("每一页记录数: "+page.getSize());
    }
}
```

启动项目, 其中分页查询结果如图 3-16 所示。

```
总页数: 4
总的记录数: 7
查询结果: [Customer{id=1, jobNo='J00101', name='张三', departMent='软件学院'},
当前页数: 01
当前记录数: 2
每一页记录数: 2
```

图 3-16　分页查询结果

【课堂实践】使用 Spring Data JPA 开发一个课程管理模块, 该模块包括添加课程信息、修改课程信息、删除课程信息、显示课程信息、根据名称查询课程信息等功能。

慕课 3-9

任务 3.3 分析与实现

【任务实现】

在某公司资产管理系统中, 系统设置的资产类型管理模块包含 3 类模块, 即固定资产模块、办公资产模块、低值易耗品模块, 每一类资产类型管理模块又包含若干子类模块。资产类型管理模块主要包括显示资产类型、新增资产类型、修改资产类型、删除资产类型等功能，具体开发步骤如下。

① 创建 Spring Boot 项目，引入 JPA、Web 依赖。

```
<dependency>
    <groupId>org.springframework.boot</groupId>
    <artifactId>spring-boot-starter-data-jpa</artifactId>
</dependency>
<dependency>
    <groupId>org.springframework.boot</groupId>
    <artifactId>spring-boot-starter-web</artifactId>
</dependency>
```

② 创建资产类型类。

创建资产类型类 SysAssetType，代码如下。

```
@Entity(name="sys_asset_type")
@Data
public class SysAssetType implements Serializable {
    @Id
    @GeneratedValue(strategy = GenerationType.IDENTITY)
    private Long id;
    private Long pid;
    private String name;
    @Column(name="create_time",nullable = false)
    private Long createTime;
    private Long createBy;
    private Long updateTime;
    private Long updateBy;
    @Column(name="super_id",nullable = false)
    private Long superId;
    private Integer delFlag;
}
```

③ 创建资产类型 Dao 层接口。

创建资产类型 Dao 层接口 SysAssetTypeDao，代码如下。

```
public interface SysAssetTypeDao extends JpaRepository<SysAssetType,Integer> {
    //根据 id 查询资产类型
    List<SysAssetType> getSysAssetTypeByIdEquals(Integer id);
    //根据资产名称查询资产类型
    List<SysAssetType> getSysAssetTypeByNameStartingWith(String name);
    //查询所有资产类型
    @Query("select s from sys_asset_type s")
    List<SysAssetType> getAllSysAssetType();
    //根据上一级 id 查询所有资产类型
    List<SysAssetType> getAllSysAssetTypeBySuperId(Integer super_id);
}
```

④ 创建资产类型服务层接口与实现类。

创建资产类型服务层接口 SysAssetTypeService，代码如下。

```
public interface SysAssetTypeService {
```

```
//新增资产类型
public void saveSysAssetType(SysAssetType sysAssetType);
//根据 id 查询资产类型
public List<SysAssetType> getSysAssetTypeByIdEquals(Integer id);
//根据资产名称查询资产类型
public List<SysAssetType> getSysAssetTypeByNameStartingWith(String name);
//查询所有资产类型
public List<SysAssetType> getAllSysAssetType();
//根据上一级 id 查询所有资产类型
public List<SysAssetType> getAllSysAssetTypeBySuperId(Integer super_id);
}
```

创建资产类型服务层实现类 SysAssetTypeServiceImpl，代码如下。

```
@Service
public class SysAssetTypeServiceImpl implements SysAssetTypeService{
    @Autowired
    SysAssetTypeDao sysAssetTypeDao;

    //新增资产类型
    public void saveSysAssetType(SysAssetType sysAssetType) {
        sysAssetTypeDao.save(sysAssetType);
    }

    //根据 id 查询资产类型
    public List<SysAssetType> getSysAssetTypeByIdEquals(Integer id) {
        return  sysAssetTypeDao.getSysAssetTypeByIdEquals(id);
    }

    //根据资产名称查询资产类型
    public List<SysAssetType> getSysAssetTypeByNameStartingWith(String name) {
        return sysAssetTypeDao.getSysAssetTypeByNameStartingWith(name);
    }

    //查询所有资产类型
    public List<SysAssetType> getAllSysAssetType() {
        return sysAssetTypeDao.getAllSysAssetType();
    }
}
```

⑤ 创建资产类型控制类。

创建资产类型控制类 SysAssetTypeController，代码如下。

```
@RestController
public class SysAssetTypeController {
    @Autowired
    SysAssetTypeService sysAssetTypeService;

    //新增资产类型
    @GetMapping("/save")
    public void saveSysAssetType() {
```

```
            SysAssetType sysAssetType=new SysAssetType();
            sysAssetType.setPid(21);
            sysAssetType.setName("打印机");
            long createTime=(new Date()).getTime();
            System.out.println("createTime="+createTime);
            sysAssetType.setCreateTime(createTime);
            sysAssetType.setCreateBy(null);
            sysAssetType.setUpdateTime(null);
            sysAssetType.setUpdateBy(null);
            sysAssetType.setSuperId(21);
            sysAssetType.setDelFlag(0);
            System.out.println(sysAssetType.getSuperId());
            sysAssetTypeService.saveSysAssetType(sysAssetType);
            System.out.println(sysAssetType);
        }

        //查询所有资产类型
        @GetMapping("/getAll")
        public void getAllSysAssetType() {
            List<SysAssetType> sysAssetTypeList=
                                    sysAssetTypeService.getAllSysAssetType();
            System.out.println(sysAssetTypeList);
        }

        //根据上一级id查询所有资产类型
        @GetMapping("/getAllBySuperId/")
        public void getAllSysAssetType BySuperId(@PathVariable  Integer superId) {
            List<SysAssetType> sysAssetTypeList=
                                    sysAssetTypeService.getAllSysAssetType
BySuperId ();
            System.out.println(sysAssetTypeList);
        }
    }
```

启动项目，资产类型管理相关页面如图 3-17～图 3-20 所示。

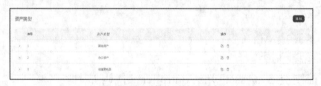

图 3-17　资产类型列表

图 3-18　新增资产类型页面

图 3-19　修改资产类型页面

图 3-20　删除资产类型页面

任务 **3.4** 某公司资产管理系统的权限管理

【任务描述】

事务（transaction）是指要做的或所做的事情。事务应该具有 4 个特性：原子性（atomicity）、一致性（consistency）、隔离性（isolation）、持久性（durability）。这 4 个特性通常称为事务的 ACID 特性。本任务主要介绍事务的属性、Spring 中实现事务的方式、Spring Boot 中的事务实现、某公司资产管理系统的权限管理中添加权限模块的事务处理等。

【技术分析】

在 Spring 中，事务有两种实现方式，分别是编程式事务管理和声明式事务管理。在 Spring Boot 中推荐的事务实现方式是使用@Transactional 注解来声明事务。而要在 Spring Boot 中实现事务，首先要导入 Spring Boot 提供的 JDBC 或 JPA 依赖。本任务分析 Spring 中实现事务的两种方式，同时介绍 Spring Boot 中事务实现的具体步骤。

【支撑知识】

1. 事务的属性

事务有 5 个属性，分别是事务传播行为、事务隔离级别、只读、事务超时、事务回滚规则。

（1）事务传播行为

事务的传播行为是指，如果在开始当前事务之前，一个事务上下文已经存在，此时有若干选项可以指定一个事务性方法的执行行为。在 TransactionDefinition 接口中定义了如下几个表示传播行为的常量。

● TransactionDefinition.PROPAGATION_REQUIRED：如果当前存在事务，则加入该事务；如果当前不存在事务，则创建一个新的事务。这是默认值。

● TransactionDefinition.PROPAGATION_REQUIRES_NEW：创建一个新的事务，如果当前存在事务，则把当前事务挂起。

慕课 3-10

事务

素养拓展

团队合作的"事务"

- TransactionDefinition.PROPAGATION_SUPPORTS：如果当前存在事务，则加入该事务；如果当前不存在事务，则以非事务方式继续运行。

- TransactionDefinition.PROPAGATION_NOT_SUPPORTED：以非事务方式运行，如果当前存在事务，则把当前事务挂起。

- TransactionDefinition.PROPAGATION_NEVER：以非事务方式运行，如果当前存在事务，则抛出异常。

- TransactionDefinition.PROPAGATION_MANDATORY：如果当前存在事务，则加入该事务；如果当前不存在事务，则抛出异常。

- TransactionDefinition.PROPAGATION_NESTED：如果当前存在事务，则创建一个事务作为当前事务的嵌套事务来运行；如果当前不存在事务，则该取值等价于 TransactionDefinition.PROPAGATION_REQUIRED。

（2）事务隔离级别

事务隔离级别是指若干个并发事务之间的隔离程度。TransactionDefinition 接口中定义了 5 个表示事务隔离级别的常量。

- TransactionDefinition.ISOLATION_DEFAULT：这是默认值，表示使用底层数据库的默认隔离级别。对大部分数据库而言，通常这个值就是 TransactionDefinition.ISOLATION_READ_COMMITTED。

- TransactionDefinition.ISOLATION_READ_UNCOMMITTED：该隔离级别表示一个事务可以读取另一个事务已修改但还没有提交的数据。该隔离级别不能防止脏读、不可重复读和幻读，因此很少使用该隔离级别。比如 PostgreSQL 实际上并没有此隔离级别。

- TransactionDefinition.ISOLATION_READ_COMMITTED：该隔离级别表示一个事务只能读取另一个事务已经提交的数据。该隔离级别可以防止脏读，这是大多数情况下的推荐值。

- TransactionDefinition.ISOLATION_REPEATABLE_READ：该隔离级别表示一个事务在整个过程中可以多次重复执行某个查询，并且每次返回的记录都相同。该隔离级别可以防止脏读、不可重复读。

- TransactionDefinition.ISOLATION_SERIALIZABLE：该隔离级别表示所有的事务依次逐个执行，这样事务之间就完全不可能产生干扰。该隔离级别可以防止脏读、不可重复读及幻读。但是这将严重影响程序的性能。通常情况下不会用到该隔离级别。

（3）只读

如果一个事务只对数据库执行读操作，那么该数据库就可能利用那个事务的只读属性，采取某些优化措施。通过把一个事务声明为只读，可以让后端数据库应用那些它认为合适的优化措施。

由于只读的优化措施是在一个事务启动时由后端数据库实施的，因此，只有对于那些具有可能启动一个新事务的传播行为（PROPAGATION_REQUIRES_NEW、PROPAGATION_REQUIRED、ROPAGATION_NESTED）的方法来说，将事务声明为只读才有意义。

（4）事务超时

为了使一个应用程序很好地执行，它的事务不能运行太长时间。因此，声明式事务的一个属性就是超时。假设事务的运行时间很长，由于事务可能涉及对数据库的锁定，因此长时间运行的事务会不必要地占用数据库资源。这时就可以声明一个事务在特定秒数后自动回滚，不必等它自己结束。

由于超时时钟是在一个事务启动的时候开始的，因此，只有对于那些具有可能启动一个新事务的传播行为（PROPAGATION_REQUIRES_NEW、PROPAGATION_REQUIRED、ROPAGATION_NESTED）的方法来说，声明事务超时才有意义。

（5）事务回滚规则

在默认设置下，事务只在出现运行时异常（runtime exception）时回滚，而在出现受检查异常（checked exception）时不回滚（这一行为和 EJB 中的回滚行为是一致的）。

不过，可以声明在出现特定的受检查异常时该异常像运行时异常一样回滚。同样，也可以声明一个事务在出现特定的异常时不回滚，即使特定的异常是运行时异常。

2. Spring 中实现事务的方式

在 Spring 中，事务有两种实现方式，分别是编程式事务管理和声明式事务管理。

● 编程式事务管理：编程式事务管理使用 TransactionTemplate 或者直接使用底层的 PlatformTransactionManager。对于编程式事务管理，Spring 推荐使用 TransactionTemplate。

● 声明式事务管理：该方式建立在 AOP（Aspect Oriented Programming，面向切面编程）之上。其本质是对方法前后进行拦截，然后在目标方法开始之前创建或者加入一个事务，在执行完目标方法之后根据执行情况提交或者回滚事务。声明式事务管理不需要入侵代码，通过@Transactional 注解就可以进行事务操作，操作起来更快捷、简单，推荐使用。

Spring 中声明式事务管理的配置示例如下。

（1）事务传播行为

```
@Transactional(propagation=Propagation.REQUIRED)
```

（2）事务隔离级别

```
@Transactional(isolation = Isolation.READ_UNCOMMITTED)
```

以上代码表示在读取未提交数据时，会出现脏读或不可重复读的情况。

（3）只读

```
@Transactional(readOnly=true)
```

参数 read Only 用于设置当前事务是否为只读事务，设置为 true 表示只读，设置为 false 则表示可读写，默认值为 false。

（4）事务超时

```
@Transactional(timeout=30)
```

（5）事务回滚规则

● 指定单一异常类：@Transactional（rollbackFor=RuntimeException.class）。

● 指定多个异常类：@Transactional（rollbackFor={RuntimeException.class，Exception.class}）。

3. Spring Boot 中的事务实现

在 Spring Boot 中实现事务非常简单，首先使用注解@EnableTransactionManagement 开启事务支持，然后在访问数据库的 Service 方法上添加注解@Transactional 即可。

关于事务管理器，不管是 JPA 还是 JDBC 等都会实现自接口 PlatformTransactionManager。如果添加的是 spring-boot-starter-jdbc 依赖，框架会默认注入 DataSourceTransactionManager 实例。如果添加的是 spring-boot-starter-data-jpa 依赖，框架会默认注入 JpaTransactionManager 实例。可以在启动类中添加如下方法，通过 debug 测试，就能知道自动注入的是 PlatformTransactionManager 接口的哪个实现类。

慕课 3-11

事务示例

【示例 3-6】有一个银行账户表，每个账户包含账号、用户名、余额，其中张三需要转账给李四，在转账过程中如果出现异常，通过 Spring Boot 的事务实现进行回滚操作，避免出现数据不一致的情况。具体开发步骤如下。

① 创建银行账户表。

```
CREATE TABLE 't_account' (
 'id' int(11) NOT NULL AUTO_INCREMENT,
 'balance' decimal(10,2) DEFAULT NULL,
 'user_name' varchar(50) DEFAULT NULL,
 PRIMARY KEY ('id')
) ENGINE=InnoDB AUTO_INCREMENT=5 DEFAULT CHARSET=utf8;

INSERT INTO 't_account' VALUES (1,800.00,'张三'),(2,900.00,'赵六'),(3,1200.00,'李四'),(4,300.50,'王五');
```

② 创建 Spring Boot 项目，配置开发环境。

与任务 3.3 的开发环境类似，添加 MySQL、Spring Data JPA、Druid 依赖，配置 application. properties 配置文件，这里不再给出 pom.xml 文件的代码。

③ 创建实体类 Account。

创建实体类 Account，代码如下。

```
@Entity
@Data
@Table(name="t_account")
public class Account {
    @Id
    @GeneratedValue
    private Integer id;
    @Column(length=50)
    private String userName;//用户名
    private float balance; //余额
}
```

④ 创建 Dao 层接口。

创建 Dao 层接口 AccountDao，该接口继承 JpaRepository 接口，代码如下。

```
public interface AccountDao extends JpaRepository<Account, Integer> { }
```

⑤ 创建服务层接口和实现类。

创建服务层接口 AccountService，代码如下。

```java
public interface AccountService {
/**
  * 转账
  * @param fromUserId
  * @param toUserId
  * @param account
  */
  void transferAccounts(int fromUserId,int toUserId,float account);
}
```

创建服务层实现类 AccountServiceImpl，代码如下。

```java
@Service("accountService")
public class AccountServiceImpl implements AccountService {
    @Resource
    private AccountDao accountDao;
    @Transactional
    public void transferAccounts(int fromUserId,int toUserId,float account){
        Account fromUserAccount=accountDao.getOne(fromUserId);
        fromUserAccount.setBalance(fromUserAccount.getBalance()-account);
        accountDao.save(fromUserAccount); // fromUserAccount 表示扣钱
        Account toUserAccount=accountDao.getOne(toUserId);
        toUserAccount.setBalance(toUserAccount.getBalance()+account);
        int zero = 1/0;  //这里我们先把这个异常注释掉，稍后我们再打开
        accountDao.save(toUserAccount); // toUserAccount 表示加钱
    }
}
```

在 transferAccounts 方法前面加入@Transactional 注解，表示在该方法中使用了事务操作，在该方法中设定 int zero=1/0，用于模拟转账的时候出现异常。如果在业务类或业务方法中没有使用@Transactional 注解控制事务，则会出现钱转出了，收钱人没有收到的情况。

⑥ 创建控制类。

创建控制类 AccountController，代码如下。

```java
@RestController
@RequestMapping("/account")
public class AccountController {
    @Resource
    private AccountService accountService;
    @RequestMapping("/transfer")
    public String transferAccounts(){
        try{
                //1 号张三给 3 号李四转账 200 元
                accountService.transferAccounts(1, 3, 200);
                return "转账成功! ";
        }catch(Exception e){
                System.out.println(e.toString());
                return "转账失败";
        }
    }
}
```

79

```
}
```

启动项目进行测试，当有异常发生时，进行事务回滚操作，运行结果如图 3-21 所示。

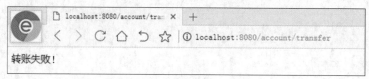

图 3-21 转账失败页面

【课堂实践】使用 Spring Boot 事务开发一个新生登记管理系统，在添加新生信息时设置管理人员读写新生图片的异常，当出现异常时，要求事务回滚，新生信息没有添加成功。

【任务实现】

慕课 3-12

任务 3.4 分析与实现

在某公司资产管理系统中，以系统设置的权限管理模块为例分析 Spring Boot 的事务处理过程，在添加一个新的权限的过程中，发生数组访问越界异常，事务回滚。具体开发步骤如下。

① 创建 Spring Boot 项目，配置开发环境。

在 pom.xml 文件中加入 Web、JPA、MySQL、Druid 依赖，代码如下。

```xml
<dependency>
    <groupId>org.springframework.boot</groupId>
    <artifactId>spring-boot-starter-web</artifactId>
</dependency>
<dependency>
    <groupId>mysql</groupId>
    <artifactId>mysql-connector-java</artifactId>
    <scope>runtime</scope>
</dependency>
<dependency>
    <groupId>org.springframework.boot</groupId>
    <artifactId>spring-boot-starter-data-jpa</artifactId>
</dependency>
<dependency>
    <groupId>com.alibaba</groupId>
    <artifactId>druid</artifactId>
    <version>1.1.9</version>
</dependency>
```

配置开发环境，在 application.properties 配置文件中设置数据库连接信息、JPA 信息等，代码如下。

```
spring.datasource.type=com.alibaba.druid.pool.DruidDataSource
spring.datasource.url=jdbc:mysql://localhost:3306/am
spring.datasource.username=root
spring.datasource.password=123
spring.jpa.show-sql=true
spring.jpa.database=mysql
spring.jpa.hibernate.ddl-auto=update
spring.jpa.properties.hibernate.dialect=org.hibernate.dialect.MySQL57Dialect
```

② 创建系统权限实体类。

创建系统权限实体类 SysPermission，代码如下。

```
@Entity
@Data
@Table(name="sys_permission")
public class SysPermission {
    @Id
    @GeneratedValue(strategy = GenerationType.IDENTITY)
    private Long id;
    private Long pid;
    private String name;
    private String path;
    private String icon;
    private Integer sort;
    private String permission;
    private Integer type;
    private Integer status;
    private String keyword;
    private Long createTime;
    private Long createBy;
    private Integer delFlag;
}
```

③ 创建系统权限 Dao 层接口。

创建系统权限 Dao 层接口 SysPermissionDao，该接口继承 JpaRepository 接口，代码如下。

```
public interface SysPermissionDao extends JpaRepository <SysPermission, Integer> { }
```

④ 创建系统权限服务层接口和实现类。

创建系统权限服务层接口 SysPermissionService，代码如下。

```
public interface SysPermissionService {
  //添加权限
  void insertSysPermission(SysPermission sysPermission);
}
```

创建系统权限服务层实现类 SysPermissionServiceImpl，代码如下。

```
@Service("sysPermissionService")
public class SysPermissionServiceImpl implements SysPermissionService {
    @Resource
    private SysPermissionDao sysPermissionDao;
    @Transactional
    public void insertSysPermission(SysPermission sysPermission){
        sysPermissionDao.save(sysPermission);
        int[] array={1,2,3};
        System.out.println(array[3]);
    }
}
```

在方法 insertSysPermission 前面加入了@Transactional 注解，说明使用了 Spring Boot 的事务处理过程。在方法 insertSysPermission 中，先添加权限，然后出现数组访问越界异常，目的是测试出现异常时，系统权限能否添加成功。

⑤ 创建系统权限控制类。

创建系统权限控制类 SysPermissionController，代码如下。

```
@RestController
@RequestMapping("/sysPermission")
public class SysPermissionController {
    @Resource
    private SysPermissionService sysPermissionService;

    //保存系统权限
    @RequestMapping("/save")
    public String saveSysPermission(){
        try{
            SysPermission sysPermission=new SysPermission();
            sysPermission.setPid(85l);
            sysPermission.setName("撤销");
            sysPermission.setPath(null);
            sysPermission.setIcon(null);
            sysPermission.setSort(3);
            sysPermission.setKeyword(null);
            sysPermission.setPermission(null);
            sysPermission.setType(2);
            sysPermission.setStatus(0);
            sysPermission.setCreateTime(null);
            sysPermission.setCreateBy(null);
            sysPermission.setDelFlag(0);
            sysPermissionService.insertSysPermission(sysPermission);
            return "添加权限成功啦！";
        }catch(Exception e){
            System.out.println(e.toString());
            return"添加权限失败啦！";
        }
    }
}
```

启动项目进行测试，无异常时运行结果如图 3-22 和图 3-23 所示，出现数组访问越界异常时运行结果如图 3-24 和图 3-25 所示。

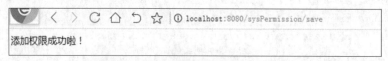

图 3-22　无异常时添加权限成功页面

图 3-23　数据库中增加一条权限数据　　　图 3-24　有异常时添加权限失败页面

82

```
Hibernate: insert into sys_permission (create_by, create_time, del_flag,
java.lang.ArrayIndexOutOfBoundsException: 3
```

图 3-25　有异常时控制台输出异常信息

拓展实践

实践任务	某公司资产管理系统的资产领用管理
任务描述	各部门资产管理员在系统中提出领用资产申请，集团资产管理员操作"确认领用"功能键，核实领用情况，对领用申请进行审核，改变领用状态
主要思路及步骤	首先在数据库中准备好相应的数据表及数据，创建项目并引入相关依赖，持久层可以使用 MyBatis-Plus，创建配置文件并进行相关配置。 1. 创建实体类； 2. 创建数据访问层接口及 Mapper 映射文件； 3. 创建服务层接口及实现类； 4. 创建控制类及相关方法； 5. 创建模板视图； 6. 启动项目，进行测试
任务总结	

单元小结

本单元主要介绍了 Spring Boot 中的 Druid 配置、使用 Spring Boot 整合 JdbcTemplate、使用 Spring Boot 整合 MyBatis 与 MyBatis-Plus、使用 Spring Boot 整合 Spring Data JPA、Spring Boot 事务等相关知识。通过使用这些开源框架，减少了大量烦琐、重复的 JDBC 代码，简化了开发过程，我们只需关注业务部分开发，这极大地提升了开发效率。本单元任务实现以系统设置的角色管理、部门管理、资产类型管理、权限管理模块为例，系统介绍了在 Spring Boot 中如何使用 JdbcTemplate、MyBatis-Plus、JPA、事务处理，需要大家熟练掌握并且灵活运用。

单元习题

一、单选题

1. 下列哪一个不是 Druid 的功能（　　　）。

A. 替换 DBCP 和 c3p0。Druid 提供了一个高效、功能强大、可扩展性好的数据库连接池

B. 可以监控数据库访问性能。Druid 内置了一个功能强大的 StatFilter 插件，能够详细统计 SQL 语句的执行性能，这对于线上分析数据库访问性能有帮助

C. 扩展 JDBC。如果你对 JDBC 层有编程的需求，可以通过 Druid 提供的 Filter 机制编写 JDBC 层的扩展插件

D. 将 SQL 语句的配置信息加载成一个个 MappedStatement 对象（包括传入参数映射配置、执行的 SQL 语句、结果映射配置），存储在内存中

2.（　　　）可处理资源的建立和释放，帮助我们避免一些常见的错误，比如忘记关闭连接。它运行核心的 JDBC 工作流，如 Statement 的建立和执行，而我们只需要提供 SQL 语句和提取结果。

    A.　JdbcTemplate

    B.　Spring IoC

    C.　Spring AOP

    D.　Spring Data

3.（　　　）通过 XML 配置文件或注解的方式配置要执行的各种 Statement 或 preparedStatement，并通过 Java 对象和 Statement 中的 SQL 语句进行映射，生成最终执行的 SQL 语句。

    A.　Spring

    B.　Spring MVC

    C.　MyBatis

    D.　Struts2

4. MyBatis-Plus 中的基本配置接口是（　　　），在该接口里面声明了很强大的 CRUD 方法。

    A.　Mapper

    B.　BaseMapper

    C.　XMLMapper

    D.　MyBatisMapper

5.　JPA 中的（　　　）是针对实体的一种查询语言，操作对象是实体，而不是关系数据库表，而且能够支持批量更新和修改、JOIN、GROUP BY、HAVING 等通常只有 SQL 语句才能够提供的高级查询特性，甚至能够支持子查询。

    A.　HQL

    B.　SQL

    C.　JPQL

    D.　XMLQL

6.　Spring Data JPA 可以理解为 JPA 规范的再次封装抽象，底层还是使用了（　　　）的 JPA 实现。

    A.　MyBatis-Plus

    B.　Spring

    C.　MyBatis

    D.　Hibernate

二、填空题

1. 事务应该具有 4 个特性：原子性、一致性、隔离性、＿＿＿＿＿＿＿＿。

2. 在 Spring 中，事务有两种实现方式，分别是＿＿＿＿＿＿＿＿和＿＿＿＿＿＿＿＿。

3. 事务的＿＿＿＿＿＿＿＿是指，如果在开始当前事务之前，一个事务上下文已经存在，此时有若干选项可以指定一个事务性方法的执行行为。

4.＿＿＿＿＿＿＿＿是指若干个并发的事务之间的隔离程度。

5. 在默认设置下，事务只在出现运行时异常时_____。

三、操作题

1. 使用 JdbcTemplate 完成学生宿舍信息的添加、删除、修改与查询操作。

2. 使用 MyBatis 或 MyBatis-Plus 完成图书信息的管理，包括图书信息添加、图书信息删除、图书信息修改、图书信息查询、图书信息显示。

3. 使用 JPA 完成个人通讯录模块管理，包括添加联系人、修改联系人、删除联系人、查询联系人。

4. 使用 Spring Boot 事务处理个人通讯录管理模块。

单元 ④ Spring Boot 与 Web 项目开发

Web 项目开发主要建立在 B/S 架构下，是基于浏览器的项目开发。在众多互联网产品中，随处可见 Web 项目的身影。Spring Boot 提供了 spring-boot-starter-web 来为 Web 项目开发予以支持，为用户提供了嵌入的 Tomcat 及 Spring MVC 的依赖，使用非常方便。本单元基于某公司资产管理系统的资产申请、资产采购等模块，介绍 Spring Boot 对 Web 项目开发的支持，主要包括静态资源处理、请求和响应处理、视图模板解析（Thymeleaf）等。

知识目标

★ 熟悉 Spring Boot 的静态资源的处理知识
★ 掌握 Spring Boot 的 Web 项目开发基础知识
★ 掌握 Thymeleaf 的相关知识

能力目标

★ 能够熟练使用 Spring Boot 创建 Web 项目
★ 能对各种静态资源进行访问
★ 能使用 Thymeleaf 进行数据的展示

任务 4.1 某公司资产管理系统的资产申请

【任务描述】

某公司资产管理系统的资产申请模块主要包括新增资产申请、审核资产申请、批量通过资产申请、资产申请列表、根据 id 查询申请资产详情、修改资产申请详情、主动撤销资产申请等子模块。在诸多子模块的实现中，会涉及页面相关的图片文件、CSS 文件、JS 文件等，这些文件需要正确引入才能使用。Web 项目的开发基于 B/S 架构，需要创建 Web 项目，以及正确处理请求和响应。

【技术分析】

使用 Spring Boot 进行 Web 项目开发，一般会使用 MVC（Model-View-Controller，模型-视图-控制器）模式，该模式主要包括模型端、视图层和控制端。在使用 Spring MVC 进行 Web 项目开发时，视图层主要由 HTML 和 JSP 承担，Spring Boot 提供了一些视图技术支持，官方建议使用 Thymeleaf。

在 Spring Boot 中需要用到前端页面，这就必须访问图片、CSS、JS 等静态资源。Spring

Boot 在 WebMvcAutoConfiguration 中给出了静态资源的默认配置，如果需要读取用户指定目录下的静态资源，则可以通过配置进行修改。

　　Spring Boot 提供了 Spring MVC、Spring WebFlux 等框架支持 Web 项目开发，可以通过 Spring Initializer 快速创建项目。根据 Spring Boot 自动配置特性，使用 spring-boot-starter-web 自动配置模块可以省略很多配置文件，简化开发过程。这里主要介绍如何使用 Spring MVC 进行 Web 项目开发。

　　慕课 4-1

　　静态资源
　　访问

【支撑知识】

1. 静态资源访问

（1）默认配置

　　Spring Boot 默认提供静态资源处理操作。在自动配置类 WebMvcAutoConfiguration 中，Spring Boot 会通过调用 ResourceProperties 类的 getStaticLocations 方法获取静态资源映射路径，更详细的介绍请查看源码。

　　在 ResourceProperties 类里面，有默认静态资源映射路径的描述，路径数组定义代码如下。

```
Private static final String[]CLASSPATH_RESOURCE_LOCATIONS=newString[]{"classpath:/M-
ETA-INF/resources/","classpath:/resources/","classpath:/static/",
    "classpath:/public/"};
```

即默认的配置（/**）会映射到如下路径中。

- classpath:/META-INF/resources/。
- classpath:/resources/。
- classpath:/static/。
- classpath:/public/。

　　这里的 classpath 在项目中就相当于 src/main/resources 文件夹，以上路径中的 static、public、resources 等都在此文件夹中。要访问静态资源，访问路径为当前项目根路径/静态资源名。

　　在快速创建项目时，引入 spring-boot-starter-web 依赖，创建好的项目下面会有一个 resources 文件夹，里面有空的默认文件夹 static 和 templates，static 文件夹中放置静态资源（*.css、*.js 等），templates 文件夹中放置模板页面（*.html 等）。若要使用其他的静态资源默认路径，则需要用户自己在 resources 文件夹下分别创建，如图 4-1 所示。

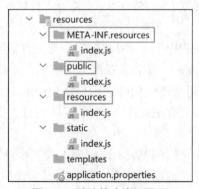

图 4-1　默认静态资源目录

在 static 文件夹下创建文件夹 js，在其中放置相关的 JS 文件，如 index.js 文件，在浏览器中访问 http://localhost:8080/js/index.js（未指定 server.servlet.context-path 值）时，会在页面中直接显示出 JS 文件的内容，如图 4-2 所示。

图 4-2　访问静态资源

Spring Boot 在请求过程中会根据默认的配置（/**）拦截所有请求，如这里要访问 http://localhost:8080/js/index.js，首先在 Controller 中找有没有相对应的请求来处理 index.js，有则处理；没有则将请求交给静态资源处理器，映射到默认路径下找资源，若未找到资源，则响应 404 页面。

注意：

如图 4-1 所示，若在默认的路径下有同名的文件，则访问时优先级高的文件先响应，优先级顺序为 META-INF/resources > resources > static > public。

（2）WebJars 的使用

在查看 WebMvcAutoConfiguration 的源码时，你可能注意到了这样一段代码。

```
if (!registry.hasMappingForPattern("/webjars/**"))
{
this.customizeResourceHandlerRegistration(registry.addResourceHandler(new
String[]{"/webjars/**"})
   .addResourceLocations(newString[]{"classpath:/META-INF/resources/webjars/"})
   .setCachePeriod(this.getSeconds(cachePeriod))
   .setCacheControl(cacheControl));
}
```

慕课 4-2

WedJars 的
使用

这是 Spring Boot 对 WebJars 处理的默认配置。那么什么是 WebJars？为什么要使用 WebJars 呢？

WebJars 是一个很神奇的东西，可以将前端的各种框架、组件以 JAR 包的形式使用。WebJars 将通用的 Web 前端资源（如 JS、CSS 文件等）打包成 JAR 包，部署在 Maven 中央仓库上，借助 Maven 对其进行统一依赖管理，保证这些 Web 资源版本的唯一性，便于升级。

原先进行 Java Web 项目开发时，一般将静态资源文件放置在 webapp 目录下，而使用 Spring Boot 进行 Web 项目开发时，将静态资源文件放置在 src/main/resources/static 目录下。在 Servlet 3.0 中，可以直接访问 WEB-INF/lib 下 JAR 包中的/META-INF/resources 目录资源，即 WEB-INF/lib/{*.jar}/META-INF/resources 下的资源可以直接访问，WebJars 的处理即基于此功能。

关于 WebJars 资源，用户可以到 WebJars 官网上找到自己需要的资源，如图 4-3 所示。在项目中，使用 WebJars 管理前端静态资源，基本步骤如下。

① 快速创建 Spring Boot 的 Web 项目 unit4demo，在 WebJars 官网查找相关依赖，如

jQuery 的依赖（见图 4-3），将其直接复制到项目的 pom.xml 文件中，代码如下。

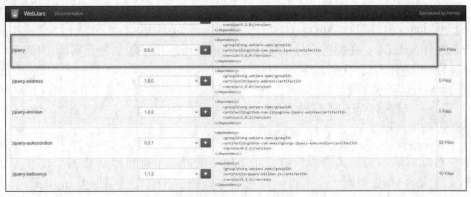

图 4-3　WebJars 官网

```
<!--引入 WebJars 依赖 -->
<dependency>
    <groupId>org.webjars</groupId>
    <artifactId>jquery</artifactId>
    <version>3.6.0</version>
</dependency>
```

引入后可以在项目的 External Libraries 中看到已经引入了相应的 jQuery 依赖，如图 4-4 所示。

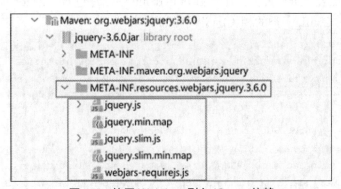

图 4-4　使用 WebJars 引入 jQuery 依赖

② Spring Boot 自动配置对 WebJars 有默认配置，其自动映射路径为/webjars/**，表示将/webjars/**映射到 classpath:/META-INF/resources/webjars/。因此，可以在浏览器中访问 http://localhost:8080/webjars/jquery/3.6.0/jquery.js，表 示 请 求 META-INF/resources 下 /webjars/jquery/3.6.0/中的 jquery.js 文件，页面会显示 jquery.js 文件的内容。

若要在模板页面中引入该文件，代码如下。

```
<script type="text/javascript" src="/webjars/jquery/3.6.0/jquery.js "></script>
```

其他静态资源的引用方法与比类似，这里不赘述。

（3）自定义静态资源目录

在项目中用户需要自定义静态资源加载的位置，这时候需要配置自定义静态资源加载的位置才能正常访问到，可以在配置文件中进行配置或者在项目中通过添加一个配置类来处理。

① 在配置文件中进行配置。

在 unit4demo 项目的 resources 目录下创建文件夹 mystatic，该文件用于放置静态文件 index.js。在配置文件 application.properties 中，添加静态资源的路径配置和访问配置，代码如下。

慕课 4-3

自定义静态
资源目录

```
#静态资源的路径配置
spring.resources.static-locations=classpath:/mystatic/
#静态资源的访问配置
spring.mvc.static-path-pattern= /mystatic/**
```

第一行配置表示自定义资源位置，此路径下的静态资源可以被访问到；第二行配置表示定义请求的 URL 规则，这里表示请求静态资源时，地址栏要加上 mystatic。重启项目后，在浏览器中访问 http://localhost:8080/mystatic/index.js，页面会显示 index.js 文件的内容。

配置用户自定义静态资源目录后，系统默认的静态资源目录会失效，若要继续使用，则可以在路径配置后面添加系统默认的静态资源目录，代码修改如下。

```
#添加系统默认的静态资源目录
spring.resources.static-locations=classpath:/mystatic/,classpath:/META-INF/resou
rces/,classpath:/resources/,classpath:/static/,classpath:/Public/
```

② 通过配置类进行配置。

也可以通过配置类进行配置。在项目 unit4demo 中创建包 cn.js.ccit.config，在该包中创建类 MyWebMVCConfig，类的相关定义代码如下。

```
package cn.js.ccit.config;
import org.springframework.context.annotation.Configuration;
import org.springframework.web.servlet.config.annotation.ResourceHandlerRegistry;
import org.springframework.web.servlet.config.annotation.WebMvcConfigurer;
@Configuration
public class MyWebMVCConfig implements WebMvcConfigurer {
    @Override
    public void addResourceHandlers(ResourceHandlerRegistry registry) {
        registry.addResourceHandler("/res/**").addResourceLocations("classpath:/res/");
    }
}
```

类 MyWebMVCConfig 实现了接口 WebMvcConfigurer，在实现方法 addResourceHandlers 中，调用 ResourceHandlerRegistry 对象的 addResourceHandler 方法，添加访问路径的设置，再调用 addResourceLocations 方法，添加资源存放路径的设置。若在项目的 resources 目录下创建文件夹 res，在文件夹 res 中创建静态资源文件 index2.js，在路径中请求此资源，请求地址为 http://localhost:8080/res/index2.js，则页面会显示此文件的内容。

2. 用户请求和响应处理

进行 Web 项目开发，首先需要在 pom.xml 文件中引入 Web 的依赖支持 spring-boot-starter-web，代码如下。

素养拓展

关注重点，
勇于实践

```
<dependency>
```

```
    <groupId>org.springframework.boot</groupId>
    <artifactId>spring-boot-starter-web</artifactId>
</dependency>
```

Spring Boot 的 Web 项目使用 Spring MVC 作为 MVC 框架，其工作流程和 Spring MVC 的工作流程完全一样，因为 Web 部分的工作是 Spring MVC 做的。通过 Spring Boot 自动配置，Spring MVC 的一些配置会自动生效，如注册视图解析器、静态资源、类型转换器和格式化器、消息转换器等，开发者只需将关注点放在核心的业务逻辑实现与业务流程实现上。

Spring Boot 的 Web 项目请求的处理流程，主要经过服务器组件（如 Tomcat）、Spring MVC 框架容器组件（如 DispatcherServlet）、开发人员实现的业务逻辑（如 Controller）等，这里主要介绍用户处理的业务逻辑和业务流程处理部分，重点是 Controller，主要涉及请求参数传递、页面跳转和响应处理等问题。

慕课 4-4
用户请求处理

（1）请求参数传递

前端页面可以通过表单、URL 传值、AJAX 方式等将数据传递到控制端，在控制端使用 @RequestParam、@PathVariable、@RequestBody、@ModelAttribute 等注解接收数据并进行处理。

Spring MVC 中已经提供了大量的参数转化规则，在很多情况下并不需要对参数的获取进行设置。在默认情况下，若传递表单数据，表单的属性名与 Controller 中方法的参数名保持一致，这时可以不用注解，直接传递参数。

如进行用户注册，前端使用表单进行用户基本信息输入，前端代码如下。

```
<form action="/user" method="post">
    username:<input type="text" name="username"><br>
    tel:<input type="text" name="telephone"><br>
    <input type="submit" value="注册">
</form>
```

控制端接收数据的方法，代码如下。

```
@RestController
public class UserController {
    @RequestMapping("/user")
    public String test1(String username,String telephone){
        return username+"\n"+telephone;
    }
}
```

这里方法的参数名和前端表单的属性名一致，直接将表单的输入值传递到 Controller 的方法参数中。或者使用 URL 请求传递参数，参数名和方法的参数名保持一致，请求的 URL 为 http://localhost:8080/user?username=aaa&telephone =1111，同样可以将表单的输入值传递到 Controller 的方法参数中。

若前端的参数名与 Controller 中方法的参数名不一致，可以使用 @RequestParam 注解来指定 URL 参数与方法参数之间的映射关系，@RequestParam 注解用在方法的参数前。

在使用 @RequestParam 注解时，默认参数值不能为空，否则会出现异常信息，可以使用 required 属性指明参数值是否允许为空。如果 required 属性设置为 true，前端不传递此参数，后台会报错；如果 required 属性设置为 false，前端不传递此参数，此参数的默认值为 null。

前端和控制端参数名不一致时，修改控制端代码如下。

```
@RestController
public class UserController {
    @RequestMapping("/user")
    public String test1(@RequestParam(value="username",required=false) String
    name, @RequestParam(value="telephone",required=false) String tel){
        return name+"\n"+tel;
    }
}
```

这里方法的参数名和表单的属性名不一致，则使用@RequestParam 注解进行映射匹配，注解的 value 属性值和表单元素的属性名一致。

在 RESTful 风格的请求中，常将参数在 URL 中以"/param"的方式进行传递，这时就需要使用@PathVariable 注解从 URL 中获取相应的参数值，如请求的 URL 为 http://localhost:8080/user/aaa/1111，则修改控制端代码如下。

```
@RestController
public class UserController {
    @RequestMapping("/user/{name}/{tel}")
    public String test1(@PathVariable(value="name",required = false) String name,
                        @PathVariable(value="tel",required = false) String tel){
        return name+"\n"+tel;
    }
}
```

第一个@PathVariable 注解的 value 属性值和地址中的第一个参数名一致，表示把此参数值传给 testl 方法的第一个参数。

若 content-type 不是默认的 application/x-www-form-urlcoded 编码，而是 application/json 或者 application/xml 等，则可以使用@RequestBody 注解。通过@RequestBody 注解可以将请求体中的 JSON 字符串绑定到相应的 Bean 上或者分别绑定到对应的字符串上。

前端使用 AJAX 传递数据，代码如下。

```
$.ajax({
    url:"/login",
    type:"POST",
    data:'{"username":"admin","pwd":"123"}',
    contentType:"application/json charset=utf-8",
    success: function(data){
        alert("success！");
    }
});
```

控制端使用@RequestBody 注解，代码如下。

```
@RequestMapping("/login")
public String login(@RequestBody String username,@RequestBody String pwd){
    return username+"："+pwd;
```

```
}
```

这里将 JSON 字符串中两个变量的值分别传递给控制端方法的两个参数,若有 User 类,该类拥有属性 username 和 pwd,属性名和 JSON 字符串中的 key 一致,则控制端代码可以修改如下。

```
@RequestMapping("/login")
public String login(@RequestBody User user){
    return user.getUsername()+" : "+user.getPwd();
}
```

也可以使用@ModelAttribute 注解将接收的数据直接添加到模型对象中,用于返回数据给前端。@ModelAttribute 注解等价于 model.addAttribute("attributeName", abc);,一般会根据@ModelAttribute 注解的位置不同,和其他注解组合使用。

慕课 4-5
用户响应
处理

(2)用户响应处理

在 Web 项目中,控制端的返回值一般分为两种,一种是返回对应的页面,如 HTML 页面或 JSP 页面;另一种是返回数据,如 JSON 格式的数据。

在类名上使用@Controller 注解,即返回对应的页面;若在类名或方法上结合使用@ResponseBody 注解,则返回 JSON 格式的数据。在 Spring Boot 中可以在类名上直接使用@RestController 注解,可以起到@Controller+@ResponseBody 这两个注解的作用。

下面以一个简单示例来看一下返回 JSON 格式数据的处理。

【示例 4-1】用户注册,返回用户信息。

① 创建实体类 User。

创建项目 unit4-1,在项目中创建包 cn.js.ccit.vo,在该包中创建实体类 User,在该类中描述用户的基本信息,代码如下。

```
package cn.js.ccit.vo;
import lombok.Data;
//实体类
@Data
public class User {
    private Integer id;
    private String username;
    private String pwd;
    private String telephone;
}
```

② 创建前端页面 userReg.html。

前端页面中提供输入用户信息的表单元素,表单元素名和实体类的属性名一致,代码如下。

```
<!DOCTYPE html>
<html lang="en">
<head>
    <meta charset="UTF-8">
    <title>用户注册</title>
</head>
<body>
```

```
<form action="/user/getUser" method="post">
    username:<input type="text" name="username"><br>
    pwd:<input type="password" name="pwd"><br>
    tel:<input type="text" name="telephone"><br>
    <input type="submit" value="注册">
</form>
</body>
</html>
```

③ 创建控制类 UserJSONController。

创建控制类 UserJSONController，将用户数据返回，使用@RestController 注解表示返回值为 JSON 格式数据，代码如下。

```
package cn.js.ccit.controller;
import cn.js.ccit.bean.User;
import org.springframework.web.bind.annotation.RequestMapping;
import org.springframework.web.bind.annotation.RestController;
/**
*以 JSON 格式返回用户数据
*/
@RestController
@RequestMapping("user")
public class UserJSONController {
    @RequestMapping("getUser")
    public User getUser(User user){
            return user;
    }
}
```

④ 测试结果。

在浏览器中访问 http://localhost:8080/userReg.html，在页面中输入用户的相关信息，提交后用户数据以 JSON 格式直接显示在页面上，运行结果如图 4-5 所示。

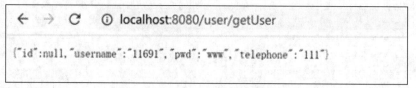

图 4-5　以 JSON 格式返回用户数据

【任务实现】

某公司资产管理系统的资产申请模块包括新增资产申请、审核资产申请、批量通过资产申请、资产申请列表等模块。这里主要介绍新增资产申请的子任务实现，用户提交新增资产的申请后，跳转到资产申请列表，该列表列出新增资产申请的基本信息、申请时间、审核状态等。

慕课 4-6

任务 4.1 分析与实现

新增资产申请子任务实现代码如下，资产申请任务的其他子任务实现请参考项目案例源码。

① 添加依赖。

在 pom.xml 文件中添加相关依赖，包括 Web、Lombok、MyBatis-Plus、MySQL、Druid 等。具体的依赖文件，可以查看项目源码的 pom.xml 文件，这里不再列出具体的代码。

② 编写配置文件。

编写配置文件 application.yml，其中对 Web 服务器属性、数据库连接属性、knife4j 配置、页面模板、MyBatis-Plus 映射文件路径等进行配置，代码如下。

```yml
# 服务器属性配置
server:
  port: 8097  #运行端口号
  #tomcat 属性配置
  tomcat:
  uri-encoding: UTF-8
  max-connections: 10000          #接收和处理的最大连接数
  acceptCount: 10000              #可以放到处理队列中的请求数
  threads:
    max: 1000      #最大并发数
    min-spare: 500     #初始化时创建的线程数
# 数据库连接属性配置
spring:
  datasource:
    url:
jdbc:mysql://localhost:3306/am?useUnicode=true&characterEncoding=utf8&nullCatalogMeansCurrent=true&serverTimezone=GMT%2B8
    username: root
    driver-class-name: com.mysql.cj.jdbc.Driver
    password: root
    hikari:
      max-lifetime: 60000
      maximum-pool-size: 20
      connection-timeout: 60000
      idle-timeout: 60000
      validation-timeout: 3000
      login-timeout: 5
      minimum-idle: 10
    messages:
      basename: i18n/i18n_messages
      encoding: UTF-8
#  main:
#    allow-bean-definition-overriding: true
knife4j:
  enable: true
  production: false
  basic:
    password: 123456
    username: cg
    enable: true
```

```
#Thymeleaf 页面模板配置
thymeleaf:
  cache: false
  encoding: UTF-8
  servlet:
    content-type: text/html
#映射文件路径
mybatis-plus:
  configuration:
    log-impl: org.apache.ibatis.logging.stdout.StdOutImpl
  mapper-locations: classpath*:mapper/*.xml
  type-aliases-package: com.cg.test.model
```

③ 定义资产申请实体类 SysApplicationRecord。

在包 com.cg.test.am.model 中定义资产申请实体类 SysApplicationRecord，该类中主要包括申请人、申请部门、资产名称、资产类别、预算单价、数量、申请时间等，定义代码如下。

```java
/**
* 资产申请表
*/
@Data
@TableName(value = "sys_application_record")
public class SysApplicationRecord implements Serializable {
    private static final long serialVersionUID = 4422649330701966782L;
    @TableId(type = IdType.AUTO)
    private Long id;
    private String jobNo;
    private Integer userId;
    private String username;
    private Long departmentId;
    private String assetName;
    private Long assetType;
    private Integer num;
    private String units;
    private BigDecimal budgetPrice;
    private String description;
    private Integer flowPath;
    private Integer status;
    private Long createTime;
    private Long updateTime;
    private String specification;
    @TableField(exist=false)
    private String assetTypeTemp;
    private String relateJobNo;
}
```

④ 定义数据处理层接口和*Mapper.xml。

在包 com.cg.test.am.mapper 中定义数据处理层接口 SysApplicationRecordMapper，定义

新增资产申请的方法，代码如下。

```
public interface SysApplicationRecordMapper {
        int insert(SysApplicationRecord record);
}
```

在 resources/mapper 目录下，创建 SysApplicationRecordMapper.xml 文件，在其中编写与添加和查询相关的 SQL 语句，代码如下。

```xml
<?xml version="1.0" encoding="UTF-8" ?>
<!DOCTYPE mapper PUBLIC "-//mybatis.org//DTD Mapper 3.0//EN"
"http://mybatis.org/dtd/mybatis-3-mapper.dtd" >
<mapper namespace="com.cg.test.am.mapper.SysApplicationRecordMapper" >
<!--新增资产申请-->
  <insert id="insertSelective"
parameterType="com.cg.test.am.model.SysApplicationRecord" useGeneratedKeys="true"
keyProperty="id" >
    insert into sys_application_record
    <trim prefix="(" suffix=")" suffixOverrides="," >
      <if test="id != null" >
        id,
      </if>
      <if test="jobNo != null" >
        job_no,
      </if>
      <if test="userId != null" >
        user_id,
      </if>
      <if test="username != null" >
        username,
      </if>
      <if test="departmentId != null" >
        department_id,
      </if>
      <if test="assetName != null" >
        asset_name,
      </if>
      <if test="assetType != null" >
        asset_type,
      </if>
      <if test="num != null" >
        num,
      </if>
      <if test="budgetPrice != null" >
        budget_price,
      </if>
      <if test="description != null" >
        description,
      </if>
```

```
<if test="flowPath != null" >
  flow_path,
</if>
<if test="status != null" >
  status,
</if>
<if test="createTime != null" >
  create_time,
</if>
<if test="updateTime != null" >
  update_time,
</if>
<if test="units != null" >
  units,
</if>
<if test="specification != null" >
  specification,
</if>
<if test="relateJobNo != null" >
  relate_job_no,
</if>
</trim>
<trim prefix="values (" suffix=")" suffixOverrides="," >
<if test="id != null" >
  #{id,jdbcType=BIGINT},
</if>
<if test="jobNo != null" >
  #{jobNo,jdbcType=VARCHAR},
</if>
<if test="userId != null" >
  #{userId,jdbcType=INTEGER},
</if>
<if test="username != null" >
  #{username,jdbcType=VARCHAR},
</if>
<if test="departmentId != null" >
  #{departmentId,jdbcType=INTEGER},
</if>
<if test="assetName != null" >
  #{assetName,jdbcType=VARCHAR},
</if>
<if test="assetType != null" >
  #{assetType,jdbcType=INTEGER},
</if>
<if test="num != null" >
  #{num,jdbcType=INTEGER},
</if>
```

```
                <if test="budgetPrice != null" >
                  #{budgetPrice,jdbcType=DECIMAL},
                </if>
                <if test="description != null" >
                  #{description,jdbcType=VARCHAR},
                </if>
                <if test="flowPath != null" >
                  #{flowPath,jdbcType=INTEGER},
                </if>
                <if test="status != null" >
                  #{status,jdbcType=INTEGER},
                </if>
                <if test="createTime != null" >
                  #{createTime,jdbcType=BIGINT},
                </if>
                <if test="updateTime != null" >
                  #{updateTime,jdbcType=BIGINT},
                </if>
                <if test="units != null" >
                  #{units,jdbcType=VARCHAR},
                </if>
                <if test="specification != null" >
                  #{specification,jdbcType=VARCHAR},
                </if>
                <if test="relateJobNo != null" >
                  #{relateJobNo,jdbcType=VARCHAR},
                </if>
        </trim>
    </insert> </mapper>
```

这里使用动态 if 判断相关字段是否为空，并进行 SQL 语句的拼接。

⑤ 定义服务层接口和实现类。

在包 com.cg.test.am.service 中定义服务层接口 SysApplicationRecordService，定义保存资产申请信息的方法，代码如下。

```
/**
* 资产管理的服务层接口，包括资产申请、资产申请列表、审核资产申请列表等
*/
public interface SysApplicationRecordService {
    /**
    * 资产申请
    * @param sysApplicationRecord
    */
    String save(SysApplicationRecord sysApplicationRecord);
}
```

在包 com.cg.test.am.service.impl 中定义服务层接口 SysApplicationRecordService 的实现类 SysApplicationRecordServiceImpl，代码如下。

```
@Service
```

```
    public class SysApplicationRecordServiceImpl implements SysApplicationRecordService
{
        @Resource
        SysApplicationRecordMapper sysApplicationRecordMapper;
        @Resource
        SysAssetTypeMapper sysAssetTypeMapper;
        @Resource
        SysUserMapper sysUserMapper;
        @Transactional(rollbackFor = Exception.class)
        @Override
        public String save(SysApplicationRecord sysApplicationRecord) {
            try {
                    if (sysApplicationRecord.getNum() == null
            ||sysApplicationRecord.getNum() <= 0) {
                        throw new ChorBizException(AmErrorCode.NUM_ERROR);
                    }
                String authorization = request.getHeader("Authorization");
                Claims claims = JwtUtil.parseJwt(authorization);
                SysUser sysUserInfo = sysUserMapper.selectOne(new
QueryWrapper<SysUser>().eq("id", claims.get("id")));
                //根据类型id查询最上级id，只有低值易耗品，数量才能存在多个
                SysAssetType sysAssetTypeInfo =
sysAssetTypeMapper.selectById(sysApplicationRecord.getAssetType());
if(!sysAssetTypeInfo.getSuperId().equals(ParamsConstant.ASSET_TYPE_CONSUMABLES)
                        && sysApplicationRecord.getNum()>1){
                        throw new ChorBizException(AmErrorCode.NUM_ABNORMAL);
                 }
                //工单号
                // todo 计数器 formatTime + ParamsConstant.AUDIT_TYPE_FOR_APPLICATION +
xxx1 总计 8 + 1 + 4 13位
                int random = (int)(Math.random()*900)+100;
                Long time = System.currentTimeMillis();
                String jobNo = time+String.valueOf(random);
                sysApplicationRecord.setJobNo(jobNo);
                if(sysApplicationRecord.getRelateJobNo()==null){
                    sysApplicationRecord.setRelateJobNo(jobNo);
                }
                //申请部门id
                sysApplicationRecord.setDepartmentId(sysUserInfo.getDepartmentId());
                //申请人信息
                sysApplicationRecord.setUsername(sysUserInfo.getUsername());
                sysApplicationRecord.setUserId(sysUserInfo.getId());
                //记录新增时，直接插入flow_path为审核人，其他的申请逻辑按此操作
                sysApplicationRecord.setCreateTime(time);
sysApplicationRecord.setStatus(ParamsConstant.AUDIT_STATUS_DEFAULT);
                Integer auditUserId = findAuditUserId(sysUserInfo,
sysAssetTypeInfo.getSuperId(), sysUserInfo.getDepartmentId());
```

```
//          SysUser superUser = superUser(sysUserInfo);
            sysApplicationRecord.setFlowPath(auditUserId);
            sysApplicationRecordMapper.insertSelective(sysApplicationRecord);
            return sysApplicationRecord.getRelateJobNo();
        } catch (ChorBizException e) {
            throw e;
        } catch (Exception e) {
            e.printStackTrace();
            throw new ChorBizException(AmErrorCode.SERVER_ERROR);
        }
    }
```

在进行资产申请时，先对资产申请的相关信息进行处理，若数量值不合法，则抛出异常，工单号由创建时间和随机数构成，申请人相关信息根据申请人 id 获取数据，然后将数据封装到 SysUser 对象中。

⑥ 定义控制类。

在包 com.cg.test.am.controller 中定义控制类 SysApplicationRecordController，代码如下。

```
@Api(tags = "资产申请")
@RestController
@RequestMapping("/sysApplicationRecord")
public class SysApplicationRecordController {
    @Resource
    SysApplicationRecordService sysApplicationRecordService;
    @Resource
    SysAssetTypeMapper sysAssetTypeMapper;
    @Resource
    HttpServletRequest httpServletRequest;
    @Value("${chor.fileSystem}")
    private String filePath;
    @ApiOperation(value = "新增资产申请", notes = "管理端 API")
    @PostMapping("/create")
    public ChorResponse<Void> create(@RequestBody SysApplicationRecordReq req) {
        SysApplicationRecord sysApplicationRecord = new SysApplicationRecord();
        CopyUtils.copyProperties(req, sysApplicationRecord);
        sysApplicationRecordService.save(sysApplicationRecord);
        return ChorResponseUtils.success();
    }
}
```

使用@RestController 注解表示将类注册到 Spring 容器中并返回 JSON 格式的数据，create 方法通过@RequestBody 注解接收前端页面传递的数据，通过服务层对象调用 save 方法，保存资产申请的数据。

启动项目，单击"资产申请"页面的"添加"按钮，弹出图 4-6 所示的新增资产申请页面，输入相关信息后，单击"确定"按钮，则可以看到资产申请已经成功添加，申请状态为"待审批"，可以进行编辑、撤回、查看操作，如图 4-7 所示。

图 4-6　新增资产申请

图 4-7　资产申请列表

【说明】在任务实现代码中，限于篇幅，只给出了资产申请的核心代码，没有给出包导入语句，也没有给出相关类的代码，读者在实践时可参照案例资源提供的源码。

任务 4.2　某公司资产管理系统的资产采购

【任务描述】

在某公司资产管理系统资产采购模块的通过审批的资产申请中，可以看到所有资产采购信息，并可以根据资产名称和申请状态查询对应资产采购信息，对申请状态为"采购中"的资产，管理员可以进行采购确认，申请状态为"采购完成并已入库"的资产，管理员可以进行条码打印。

【技术分析】

使用 Spring Boot 进行 Web 项目开发，一般会使用 MVC 模式，主要包括模型端、视图层和控制端。在使用 Spring MVC 进行 Web 项目开发时，视图层主要由 HTML 和 JSP 承担，Spring Boot 提供了一些视图技术支持，官方建议使用 Thymeleaf。

【支撑知识】

使用模板引擎可以让前端用户不用过多关注后台业务的实现，而只关注页面的呈现，实现前后端分离开发。Spring Boot 对 Web 项目开发提供了较多的模板引擎，包括 FreeMarker、Groovy、Thymeleaf、Velocity 和 Mustache 等，这里我们主要介绍 Thymeleaf 的基本使用方法。

1. Thymeleaf 简介

Thymeleaf 是一款支持 HTML、XML、TEXT、JavaScript、CSS、raw 等的模板引擎，这里包含两种标记模板模式（HTML 和 XML）、3 种文本模板模式（TEXT、JavaScript、CSS）及一种无操作模板模式（raw）。本书主要以常用的 HTML 模板模式为例进行介绍。

慕课 4-7

Thymeleaf 简介

Thymeleaf 可以完全取代 JSP，与其他模板引擎相比，Thymeleaf 是开箱即用的，能够直接在浏览器中打开并正确显示模板页面，而不需要启动整个 Web 项目。Thymeleaf 使用了自然的模板技术，其模板语法并不会破坏文档的结构，使用方便。

在 Spring Boot 中使用 Thymeleaf 的步骤如下。

① 引入依赖。

在项目的 pom.xml 文件中，直接引入 Thymeleaf 依赖，代码如下。

```
<!--引入 Thymeleaf 依赖-->
<dependency>
    <groupId>org.springframework.boot</groupId>
    <artifactId>spring-boot-starter-thymeleaf</artifactId>
</dependency>
```

② 在 HTML 文件中加入引用。

加入依赖后，需要在 HTML 文件中添加命名空间引入，以进行 Thymeleaf 模板文件的渲染。只要添加以下代码即可。

```
<html lang="zh" xmlns:th="http://www.thymeLeaf.org">
```

然后在页面的元素中，则可以使用"th:*"的格式应用各类标签属性，替换静态内容。如由控制端向前端传递数据，代码如下。

```
@Controller
public class HelloController {
    @GetMapping("/test1")
    public String test1(Model model){
        model.addAttribute("message"," 新闻");
        return "test1";
    }
}
```

下面的代码表示用后台传递的"message"中的值替换标题中的静态内容，页面将显示接收到控制端传递的"新闻"。

```
<h2 th:text="${message}">标题 2 </h2>
```

注意，若直接访问静态页面，则会显示原来的静态内容"标题2"。

Thymeleaf 默认的模板映射路径是 src/main/resources/templates，一般将模板文件放在此目录下，即可直接访问到。

③ 进行基础配置。

可以在 application.properties 或 application.yml 配置文件中进行配置，如对 Thymeleaf 设置模板模式、模板编码、编码方式、文档响应类型、缓存关闭等。基本代码如下。

```
#设置模板模式
spring.thymeleaf.mode=HTML5
#设置模板编码
spring.thymeleaf.encoding=UTF-8
#设置文档响应类型
spring.thymeleaf.content-type=text/html
#关闭缓存，否则开发时无法看到实时页面
spring.thymeleaf.cache=false
```

2. Thymeleaf 基本语法

在 Thymeleaf 中，具有丰富的标签、函数、表达式、内置对象等元素，这里主要介绍标准表达式、常用标签属性、常用对象的使用方法。如果要了解更详细的内容，可以通过 Thymeleaf 的官网学习。

慕课 4-8

Thymeleaf 的
标准表达式

（1）标准表达式

在 Thymeleaf 中，主要有 4 类标准表达式，这些表达式可以实现相关值的计算及获取。

① 变量表达式。

变量表达式实际上是将上下文中包含的变量映射到 OGNL 表达式或 Spring EL 表达式中，使用格式为${...}，一般用在 HTML 标签的元素属性中，示例如下。

```
<input type="text" name="username" value="admin" th:value="${user.username}">
```

这里表示引用用户对象 user 的 username 属性，若当前项目服务未启动或 user.username 值不存在，则文本框中显示值 admin；若当前项目服务启动并且 user.username 值存在，则替换静态默认值 admin，实现利用模板引擎动态替换数据。

② 选择（星号）表达式。

选择表达式使用格式为*{...}。一般来说，选择表达式和变量表达式使用效果一样，主要区别是：选择表达式计算所选对象而不是整个上下文。即没有选定对象时，${...}和*{...}结果完全相同。

选择表达式可以和标签 th:object 一起使用，完成对象属性的简写，表示直接获取 object 对象中的属性，示例如下。

```
<div th:object="${user}">
    <span th:text="*{username}"></span>
</div>
```

这里表示先获取用户对象 user，再使用选择表达式直接获取对象中属性 username 的属性值。

③ 消息表达式。

消息表达式主要用于模板页面国际化资源的动态替换和展示，使用格式为#{...}。需要先定义国际化的资源文件（*.properties），再使用#{...}格式动态获取资源文件的值。简单示例如下，分别定义中文和英文的资源文件。

```
#英文资源文件 resource_en_US.properties:
home.welcome=Welcome!

#中文资源文件 resource_zh_CN.properties:
home.welcome=欢迎!
```

在显示模板中，获取资源文件的值并动态替换，代码如下。

```
<p th:text="#{home.welcome}">hello</p>
```

④ 链接网址表达式。

链接网址表达式可以把有用的上下文或会话信息添加到 URL 中，使用格式为@{...}，一般和 th:href、th:src 等标签属性结合使用，显示 Web 项目中的 URL 链接，支持绝对路径和相对路径。

通过链接网址表达式 Thymeleaf 可以拼接 Web 项目访问的全路径，并且可以通过()进行参数的拼接，代码如下。

```
<a href="detail.html" th:href="@{/user/detail(id=${userId})}">show</a>
```

这里表示链接到项目路径下的 detail 中，(id=${userId})表示通过 URL 传递 id 的数据，假设传递的 id 为 1，则结果页面代码如下。

```
<a href="/unit4demo /user/detail?id=1}">show</a>
```

由以上代码可以看出，在结果页面中已经自动拼接了项目名，生成了 Web 项目访问的全路径。

在 Thymeleaf 的表达式中，可以取各种类型的数据，如文本（如'one text'、'hello!'）、数值（如 0、12.3、4.5）、布尔值（如 true、false）、空值（null）等。在进行各种运算时，主要使用 "+" 进行字符串连接，使用 "+、-、*、/、%" 等进行算术运算，使用 "!、not、and、or" 等进行逻辑运算，使用 ">、<、>=、<=、==、!=（或 gt、lt、ge、le、eq、ne）" 等进行关系运算，使用 "? :" 进行条件运算。

慕课 4-9

Thymeleaf 的常用标签属性

（2）常用标签属性

在 HTML 中使用 Thymeleaf 的标签属性值可以动态替换页面中的静态内容。

① th:text 和 th:utext 标签属性。

th:text 是文本替换标签属性，th:utext 标签属性可以解析 HTML 标签。示例代码如下。

```
#控制端存储数据代码
map.put("message","<h3>test</h3>");
#前端获取代码
<p th:text="${message}">th:text</p>
<p th:utext="${message}">th:utext</p>
```

显示结果如下，第一行没有解析<h3>标签，第二行解析了<h3>标签并应用效果。

```
<h3>test</h3>
```

test

② th:object 标签属性。

th:object 标签属性用于表单数据对象绑定，将表单绑定到后台控制端的一个 JavaBean

参数上，一般与 th:field 标签属性一起使用进行表单数据对象绑定。示例代码如下。

```
#控制端存储数据代码
<form th:action="@{/test2}" th:object="${user}" method="post">
  <input type="text" th:field="*{username}"/>
  <input type="submit"/>
</form>
```

其中，th:action 表示后台控制器路径，类似<form>标签的 action 属性，使用链接网址表达式进行路径处理，使用 th:object 标签获取后台传过来的上下文中的 user 对象。在<input>标签中，th:field 表示绑定数据到表单元素，使用*{username}表示获取 user 对象中的属性 username 的值，这里的*{...}表示从选定对象中取值。

③ th:if 和 th:unless 标签属性。

th:if 和 th:unless 标签属性表示条件判断，th:if 标签属性在条件成立时显示文本标签内容，th:unless 标签属性在当条件不成立时显示。示例代码如下。

```
<p th:if="${message}!=null" th:text="${message}">对象不为空，则显示信息</p>
<p th:unless="${message}==null" th:text="${message}">对象为空，没有数据显示</p>
```

这里判断 message 是否为空对象，若不为空，则显示其内容。th:if 标签属性的属性值若为非零数值、非零字符值、非 "false" "off" "no" 字符串等，则认为条件成立。

也可以使用 if?then:else 语法来判断显示的内容。示例代码如下。

```
<p th:text="${message!=null}?${message}:'对象为空'">ss</p>
```

④ th:switch 和 th:case 标签属性。

th:switch 和 th:case 标签属性类似于 Java 中的 switch-case 结构。示例代码如下。

```
<div th:switch="${user.role}">
  <p th:case="'admin'">管理员用户</p>
  <p th:case="nuser">普通用户</p>
  <p th:case="*">其他用户</p>
</div>
```

这里用 th:switch 标签属性进行用户角色判断，使用 th:case 标签属性进行匹配，若没有匹配成功，用 th:case="*"表示，类似于 Java 中的 default。

⑤ th:each 标签属性。

th:each 标签属性用于循环遍历，遍历的对象可以为普通对象、列表、数组等。

遍历普通对象的示例代码如下。

```
#控制端在用户对象中存储了数据，并将其保存在 map 中
<div th:each="u:${user}">
    <p th:text="${u.id}">id</p>
    <p th:text="${u.username}">username</p>
</div>
```

这里使用 th:each 标签属性获取对象 user 的 id 和 username 属性值，在 th:each 标签属性的值中，u 代表迭代出的值。

遍历列表的示例代码如下。

```
#控制端在 users 列表中存储了 user 对象，并将其保存在 map 中
<tr th:each="user,iterStat: ${users}">
        <td th:text="${iterStat.index+1}">index</td>
```

```
<th th:text="${user.id}">id</th>
<td th:text="${user.username}">name</td>
</tr>
```

这里使用 th:each 标签属性遍历 users 列表中的 user 对象。iterStat 表示状态变量，其主要属性如下。

- index：当前迭代对象的索引（从 0 开始计算）。
- count：当前迭代对象的统计（从 1 开始计算）。
- size：被迭代对象的大小。
- current：当前迭代变量。
- even/odd：布尔值，当前循环是否是偶数/奇数（从 0 开始计算）。
- first：布尔值，当前循环是否是第一个。
- last：布尔值，当前循环是否是最后一个。

可以使用 iterStat 的相关属性值，在遍历过程中获取或进行相应处理。

（3）常用对象

Thymeleaf 中有许多常用对象，主要包括常用内置对象和常用工具对象，使用这些对象可以在模板中实现各种功能，其中与 Web 相关的常用内置对象如表 4-1 所示。

表 4-1　与 Web 相关的常用内置对象

对象名称	描述
#ctx	上下文对象
#vars	上下文对象（和#ctx 相同，但是一般用#ctx）
#locale	上下文区域设置对象
#request	HttpServletRequest 对象（仅在 Web Contexts 中）
#response	HttpServletResponse 对象（仅在 Web Contexts 中）
#session	HttpSession 对象（仅在 Web Contexts 中）
#servletContext	ServletContext 对象（仅在 Web Contexts 中）

其中最为常用的内置对象：#request、#session 和#servletContext。Thymeleaf 提供了内置变量 param、session、application，分别可以访问请求参数、session 属性和 application 属性，内置对象#request 的所有属性可以直接使用${属性名}访问。这里的内置对象与内置变量是两个概念，内置对象使用 "${#对象}" 形式，内置变量则不需要 "#"，直接使用 "${对象}" 形式即可。示例代码如下。

```
<!--通过 request 对象获取上下文路径-->
上下文路径 : <p th:text="${#request.getContextPath()}">ContextPath</p>
<!--通过 session 对象获取会话中的用户信息-->
会话中的用户信息: <p th:text="${#session.getAttribute('username')}">username</p>
<!--通过 session 属性获取会话中的用户信息-->
```

```
会话中的用户信息: <p th:text="${session.username}">username</p>
```

Thymeleaf 还提供了一些工具对象，可以处理日期、日历、数字、字符串、对象、数组、列表等，常用工具对象如表 4-2 所示。

表 4-2　常用工具对象

对象名称	描述
#execInfo	有关正在处理的模板的信息
#messages	用于在变量表达式中获取外部化消息的方法，与使用#{...}语法获得的方式相同
#uris	转义 URL/URI 部分的方法
#conversions	执行配置的转换服务(如果有的话)的方法
#dates	java.util.Date 对象的方法，用于格式化、组件提取等
#calendars	java.util.Calendar 对象，类似于#dates
#numbers	用于格式化数字对象的方法
#strings	String 对象的方法，包括 contains、startsWith、prepending、appending 等
#objects	一般对象的方法
#bools	布尔评估的方法
#arrays	数组的方法
#lists	列表的方法
#sets	集合的方法
#maps	map 方法
#aggregates	在数组或集合上创建聚合的方法
#ids	处理可能重复的 id 属性的方法

可以看出，工具对象一般以 s 结尾，如#dates、#strings、#lists 等，并且使用时，对象名前面的 "#" 不能少。

以常用的日期格式处理为例，简单介绍一下工具对象的使用，示例代码如下。

```
//存储当前日期
map.put("curDate",new Date());
```

后台控制端存储当前日期数据，模板页面获取数据后，使用#dates 对象对日期进行格式化处理。

```
<!--对日期进行格式化处理-->
<div th:with="curDate=${curDate}">
    <span th:text="${#dates.format(curDate, 'yyyy-MM-dd HH:mm:ss')}"></span>
</div>
```

获取当前日期，最终页面输出格式为 2021-06-29 08:04:33。

3. 使用 Thymeleaf 展示数据

这里以显示用户表中的用户信息为例，介绍如何使用 Thymeleaf 展示数据。

慕课 4-10

使用 Thymeleaf
展示数据

【示例 4-2】使用 Thymeleaf 显示用户信息。

① 添加依赖。

创建项目 unit4-2，在 pom.xml 文件中添加 Thymeleaf、Web、MyBatis、Spring 和 MyBatis 整合、MySQL 等依赖，代码如下。

```xml
<!-- Thymeleaf 依赖-->
<dependency>
    <groupId>org.springframework.boot</groupId>
    <artifactId>spring-boot-starter-thymeleaf</artifactId>
</dependency>
<!-- Web 依赖-->
<dependency>
    <groupId>org.springframework.boot</groupId>
    <artifactId>spring-boot-starter-web</artifactId>
</dependency>
<!-- MyBatis 依赖-->
<dependency>
    <groupId>org.mybatis</groupId>
    <artifactId>mybatis</artifactId>
    <version>3.5.2</version>
</dependency>
<!-- Spring 和 MyBatis 整合依赖-->
<dependency>
    <groupId>org.mybatis.spring.boot</groupId>
    <artifactId>mybatis-spring-boot-starter</artifactId>
    <version>1.3.2</version>
</dependency>
<!-- MySQL 依赖 -->
<dependency>
    <groupId>mysql</groupId>
    <artifactId>mysql-connector-java</artifactId>
    <version>5.1.47</version>
</dependency>
```

② 进行配置。

编写配置文件 application.yml，在其中对数据源、页面模板、MyBatis 映射文件路径、Web 服务器等进行配置，代码如下。

```yaml
#数据源配置
spring:
    datasource:
      username: root
      password: 123
      url:
jdbc:mysql://127.0.0.1:3306/amstores?useUnicode=true&characterEncoding=UTF-8
      driver-class-name: com.mysql.jdbc.Driver
#Thymeleaf 页面模板配置
    thymeleaf:
```

```
        cache: false
        encoding: UTF-8
        servlet:
          content-type: text/html
#映射文件路径
mybatis:
  mapper-locations: classpath:mapper/*.xml
#服务器基本配置
server:
  port: 8081
  servlet:
    context-path: /unit4
```

③ 定义实体类。

在包 cn.js.ccit.vo 中定义实体类 User，类中的属性名和数据库中数据表 tb_user 的字段名一致。User 类的定义代码如下。

```
package cn.js.ccit.vo;
//实体类
@Data
public class User {
    private String id;
    private String username;
}
```

④ 定义 Dao 层接口。

在包 cn.js.ccit.dao 中定义 Dao 层接口 UserDAO，代码如下。

```
package cn.js.ccit.dao;
import cn.js.ccit.vo.User;
import org.springframework.stereotype.Repository;
import java.util.List;
public interface UserDAO {
    public List<User> getAll();
}
```

在 src/resources 目录下创建 mapper 文件夹，在 mapper 文件夹下创建 UserMapper.xml 文件，在其中编写与查询相关的 SQL 语句，代码如下。

```
<?xml version="1.0" encoding="UTF-8"?>
<!DOCTYPE mapper PUBLIC "-//mybatis.org//DTD Mapper 3.0//EN"
"http://mybatis.org/dtd/mybatis-3-mapper.dtd" >
<mapper namespace="cn.js.ccit.dao.UserDAO">
<!--public List<User> getAll();-->
    <select id="getAll" resultType="cn.js.ccit.vo.User">
        select * from tb_user
    </select>
</mapper>
```

注意：

为了能扫描到映射文件，在启动类里加上注解@MapperScan("cn.js.ccit.dao")，该注解用于给出需要扫描的接口路径。

⑤ 定义服务层接口和实现类。

在包 cn.js.ccit.service 中定义服务层接口 UserService，代码如下。

```java
package cn.js.ccit.service;
import cn.js.ccit.vo.User;
import java.util.List;
public interface UserService {
    public List<User> getAll();
}
```

定义接口的实现类 UserServiceImpl，代码如下。

```java
package cn.js.ccit.service;
import cn.js.ccit.dao.UserDAO;
import cn.js.ccit.vo.User;
import org.springframework.beans.factory.annotation.Autowired;
import org.springframework.stereotype.Service;
import java.util.List;
@Service(value = "userService" )
public class UserServiceImpl implements UserService {
    @Autowired(required = false)
    private UserDAO userDAO;
    @Override
    public List<User> getAll() {
        return userDAO.getAll();
    }
}
```

⑥ 定义控制类。

在包 cn.js.ccit.controller 中定义控制类 UserController，代码如下。

```java
package cn.js.ccit.controller;
import org.springframework.beans.factory.annotation.Autowired;
import org.springframework.stereotype.Controller;
import org.springframework.ui.ModelMap;
import org.springframework.web.bind.annotation.RequestMapping;
import cn.js.ccit.service.UserService;
@Controller
public class UserController {
    @Autowired
    private UserService userService;
    @RequestMapping("/getAll")
    public String getAllUser(ModelMap map){
    //存储获取的用户信息，将其保存到 map 中
        map.addAttribute("users",userService.getAll());
        return "show.html";
    }
}
```

类名上使用@Controller 注解表示将此类注册到 Spring 容器中，使用@RequestMapping 注解表示请求映射的路径,在 getAllUser 方法中使用 ModelMap 存储返回到页面模板呈现的数据。

⑦ 定义视图模板。

在 src/resources/templates 目录下定义页面 show.html，代码如下。

```html
<!DOCTYPE html>
<!--suppress ALL-->
<html lang="en" xmlns:th="http://www.thymeleaf.org">
<link rel="stylesheet" href="https://cdn.staticfile.org/twitter-
bootstrap/3.3.7/css/bootstrap.min.css">
<script src="https://cdn.staticfile.org/jquery/2.1.1/jquery.min.js"></script>
<script src="https://cdn.staticfile.org/twitter-bootstrap/3.3.7/js/bootstrap.min.js">
</script>
    <head>
        <meta charset="UTF-8">
        <title>显示所有用户</title>
    </head>
    <body>
    <table class="table">
        <caption>用户的基本信息</caption>
        <thead>
        <tr>
            <th>序号</th>
            <th>名字</th>
        </tr>
        </thead>
        <tr th:each="user:${users}">
            <td th:text="${user.id}"></td>
            <td th:text="${user.username}"></td>
        </tr>
    </table>
    </body>
</html>
```

在页面中，使用 Thymeleaf 的 th:each 标签属性迭代获取请求域 users 中的 user 对象，并使用 th:text 标签属性将 id 和 username 属性显示在页面上。

⑧ 浏览资源。

服务启动后，在浏览器中访问 http://localhost:8080/unit4/getall，运行结果如图 4-8 所示。

图 4-8 展示用户信息

112

这样就实现了使用 Thymeleaf 进行后台数据展示。

慕课 4-11

任务 4.2
分析与实现

【任务实现】

在资产采购任务中，主要进行资产采购信息的查询，可以根据资产名称或申请状态的不同进行查询，这里主要介绍查看所有资产采购信息任务的实现。任务实现的基本步骤如下。

① 添加 Thymeleaf 的依赖。

除了任务 4.1 中的相关依赖外，还需要添加 Thymeleaf 的依赖。

② 编写配置文件。

配置文件和任务 4.1 类似，这里不赘述。

③ 定义资产采购实体类 SysPurchaseRecord。

在包 com.cg.test.am.model 中定义资产采购实体类 SysPurchaseRecord，类中主要包括采购工单号、采购人 id、采购申请人 id、采购申请人用户名、资产名称等，定义代码如下。

```java
@Data
@TableName(value = "sys_purchase_record")
public class SysPurchaseRecord implements Serializable {
    private static final long serialVersionUID = 37514759117456990043L;
    @TableId(type = IdType.AUTO)
    private Long id;
    private String jobNo;
    private Integer buyer;
    private Integer userId;
    private String username;
    private Integer departmentId;
    private String assetName;
    //限于篇幅，省略部分属性描述，具体可查看附录提供的项目源码
    ......
    @ApiModelProperty("采购人姓名")
    private String buyerName;
    @ApiModelProperty("资产编号")
    private String assetCode;
    @ApiModelProperty("实际采购总金额")
    private BigDecimal actualTotalMount;
    @ApiModelProperty("采购描述")
    private String buyDescription;
}
```

④ 定义数据处理层接口和映射文件。

定义数据处理层接口 SysPurchaseRecordMapper，接口中主要包含根据 id 查询采购记录、分页获取采购信息、统计采购数量等方法，定义代码如下。

```java
public interface SysPurchaseRecordMapper {
    SysPurchaseRecord selectByPrimaryKey(Long id);
    int count(@Param("params") SysPurchaseRecordListReq params);
    List<SysPurchaseRecordListResp> list(@Param("params")
SysPurchaseRecordListReq params, @Param("offset") Integer offset, @Param("limit")
```

```
Integer limit);
}
```

定义映射文件 SysPurchaseRecordMapper.xml，编写相关的 SQL 语句，代码如下。

```xml
<?xml version="1.0" encoding="UTF-8" ?>
<!DOCTYPE mapper PUBLIC "-//mybatis.org//DTD Mapper 3.0//EN"
"http://mybatis.org/dtd/mybatis-3-mapper.dtd" >
<mapper namespace="com.cg.test.am.mapper.SysPurchaseRecordMapper" >
<!--定义SQL语句片段，表示where条件的拼接-->
  <sql id="where">
   <where>
   <if test="params.assetName != null and params.assetName != ''">
    and sar.asset_name like concat('%',#{params.assetName},'%')
   </if>
   <if test="params.assetType != null and params.assetType != ''">
    and sar.asset_type = #{params.assetType}
   </if>
   <if test="params.jobNo != null and params.jobNo != ''">
    and sar.job_no like concat('%',#{params.jobNo},'%')
   </if>
   <if test="params.purchaseStatus != null">
    and sar.purchase_status = #{params.purchaseStatus}
   </if>
   <if test="params.username != null and params.username != ''">
    and sar.username like concat('%',#{params.username},'%')
   </if>
   <if test="params.buyerName != null and params.buyerName != ''">
    and sar.buyer_name like concat('%',#{params.buyerName},'%')
   </if>
   <if test="params.departmentIds != null and params.departmentIds != ''">
    and FIND_IN_SET(sar.department_id, #{params.departmentIds})
   </if>
   </where>
  </sql>
<!--统计个数-->
  <select id="count" resultType="int">
   select count(1) from sys_purchase_record sar <include refid="where" />
  </select>
<!--查询采购记录并分页-->
  <select id="list"
resultType="com.cg.test.am.vo.response.SysPurchaseRecordListResp">
      select sar.*,sd.name as departmentName,sat.name
assetTypeName,sar.budget_num*sar.budget_price as totalAmount from sys_purchase_record
sar
      left join sys_department sd on sd.id = sar.department_id
      left join sys_asset_type sat on sat.id = sar.asset_type
      <include refid="where" />
      order by r.purchase_status,sar.id desc
```

```
        limit #{offset}, #{limit}
    </select>
</mapper>
```

在映射文件中，主要对接口中的两个方法编写实现的 SQL 语句，定义 SQL 语句片段以进行 where 代码的重复使用，使用动态 SQL 语句进行查询条件的拼接。

⑤ 定义服务层接口和实现类。

定义服务层接口 SysPurchaseRecordService，主要用于描述采购列表服务，定义代码如下。

```
public interface SysPurchaseRecordService {
    /**
     * 采购列表
     * @param req
     */
    Map<String,Object> list(SysPurchaseRecordListReq req);
}
```

定义接口的实现类 SysPurchaseRecordServiceImpl，代码如下。

```
@Service
public class SysPurchaseRecordServiceImpl implements SysPurchaseRecordService {
    @Resource
    SysPurchaseRecordMapper sysPurchaseRecordMapper;
    @Resource
    SysUserMapper sysUserMapper;
    @Resource
    SysAssetMapper sysAssetMapper;
    @Resource
    HttpServletRequest request;
    @Override
    public Map<String,Object> list(SysPurchaseRecordListReq req){
        try{
            String authorization = request.getHeader("Authorization");
            Claims claims = JwtUtil.parseJwt(authorization);
            SysUser sysUserInfo = sysUserMapper.selectOne(new
QueryWrapper<SysUser>().eq("id", claims.get("id")));
            Map<String, Object> map = new HashMap<String, Object>();
            //非综合管理部无权查看采购记录
            if
(!sysUserInfo.getDepartmentId().equals(ParamsConstant.DEPARTMENT_GENERAL_MANAGEMENT))
{
                map.put("total_record", 0);
                map.put("data", new ArrayList<>());
                return map;
            }
            if(req.getDepartmentId() == null){
                if
(sysUserInfo.getDepartmentId().equals(ParamsConstant.DEPARTMENT_GENERAL_MANAGEMENT))
{
                    req.setDepartmentIds(null);    //综合管理部可以查看所有部门的资产信息
```

```
            } else {
                String departmentIds = claims.get("fillArgs").toString();
                req.setDepartmentIds(departmentIds);
            }
        }else{
            req.setDepartmentIds(req.getDepartmentId());
        }
        Integer limit = req.getLimit();
        Integer offset = (req.getCurrent() - 1) * limit;
        int count = sysPurchaseRecordMapper.count(req);
        List<SysPurchaseRecordListResp> list = sysPurchaseRecordMapper.list(req,
offset, limit);
        map.put("total_record", count);
        map.put("data", list);
        return map;
    }catch (Exception e){
        throw new ChorBizException(AmErrorCode.SERVER_ERROR);
    }
  }
}
```

在查看所有资产采购信息时，先进行权限判断，只有综合管理部才可以查看所有采购记录，并且可以查看所有部门的资产信息。

⑥ 定义控制类。

定义控制类 SysPurchaseRecordController，代码如下。

```
@Api(tags = "资产采购")
@RestController
@RequestMapping("/sysPurchaseRecord")
public class SysPurchaseRecordController {
    @Resource
    SysPurchaseRecordService sysPurchaseRecordService;
    @ApiOperation(value = "采购列表",notes = "管理端 API", response =
SysPurchaseRecordListResp.class)
    @GetMapping("/list")
    public ChorResponse<Map<String,Object>> list(@ModelAttribute
SysPurchaseRecordListReq req){
        return ChorResponseUtils.success(sysPurchaseRecordService.list(req));
    }
}
```

使用@ RestController 注解表示将类注册到 Spring 容器中并返回 JSON 格式的数据。list 方法通过@ModelAttribute 注解封装前端页面传递过来的对象属性，服务层对象调用 list 方法，并将返回值封装到结果对象中。

⑦ 使用 Thymeleaf 展示数据。

在 src/resources/templates 目录下定义页面 sysPurchaseRecord.html，核心代码如下。

```
<thead>
    <tr>
```

```html
            <th>序号</th>
            <th>采购人</th>
            <th>申请人</th>
            <th>申请部门</th>
            <th>资产名称</th>
            <th>资产类别</th>
            <th>规格型号</th>
            <th>申请数量</th>
            <th>单位</th>
            <th>预算单价</th>
            <th>申请时间</th>
            <th>资产编号</th>
            <th>采购日期</th>
            <th>实际数量</th>
            <th>实际单位</th>
            <th>实际单价</th>
            <th>实际总额</th>
            <th>采购描述</th>
            <th>采购状态</th>
            <th>操作</th>
      </tr>
</thead>
<tbody>
   <tr th:each="spr,iterStat:${sysPurchaseRecords}">
            <td th:text="${iterStat.count}"></td>
            <td th:text="${spr.buyerName}"></td>
            <td th:text="${spr.username}"></td>
            <td th:text="${spr.departmentName}"></td>
            <td th:text="${spr.assetName}"></td>
            <td th:text="${spr.assetType}"></td>
            <td th:text="${spr.actualSpecification}"></td>
            <td th:text="${spr.budgetNum}"></td>
            <td th:text="${spr.units}"></td>
            <td th:text="${spr.budgetPrice}"></td>
            <td th:text="${spr.createTime}"></td>
            <td th:text="${spr.assetCode}"></td>
            <td th:text="${spr.purchaseTime}"></td>
            <td th:text="${spr.actualNum}"></td>
            <td th:text="${spr.actualUnits}"></td>
            <td th:text="${spr.actualPrice}"></td>
            <td th:text="${spr.actualTotalMount}"></td>
            <td th:text="${spr.description}"></td>
            <td th:text="${spr.purchaseStatus}"></td>
            <td href="">确认采购</td>
   </tr>
</tbody>
```

在页面中，使用 Thymeleaf 的 th:each 标签属性迭代获取返回列表中的对象，并获取对

117

象的相应属性值，并将该属性值在页面中展示。这里只给出了使用 Thymeleaf 展示数据的核心代码，省略了样式代码等。

启动项目，资产采购列表如图 4-9 所示，这里查出了"低值易耗品"的信息。

图 4-9　资产采购列表

拓展实践

实践任务	某公司资产管理系统的资产库存管理
任务描述	资产库存管理任务包括由各部门资产管理员查看本部门的资产库存及由集团资产管理员或综合管理部分管领导查看所有资产库存等内容。资产库存管理模块主要包括资产库存列表展示、新增库存、导出资产库存列表等功能，该模块还可以对员工领用资产和核销资产进行添加申请。 资产库存状态的变化如图 4-10 所示。 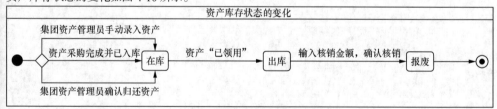 图 4-10　资产库存状态的变化
主要思路及步骤	首先在数据库中准备好相应的数据表及数据，创建项目并引入相关依赖，创建配置文件并进行相关配置。 1. 创建实体类； 2. 创建数据访问层接口及 Mapper 映射文件； 3. 创建服务层接口及实现类； 4. 创建控制类及相关方法； 5. 创建模板视图； 6. 启动项目，进行测试

<table>
<tr><td>任务总结</td><td></td></tr>
</table>

单元小结

本单元介绍了使用 Spring Boot 处理图片、CSS、JS 等静态资源文件的方法，Webjars 的用法及自定义静态资源目录，详细讲解了使用 Spring Boot 进行 Web 项目开发的基本流程，重点是用户请求和响应处理过程。对于页面模板，主要介绍了 Thymeleaf 的基本语法，详细介绍了 Thymeleaf 标准表达式、常用标签属性和常用对象的使用方法，并使用 Thymeleaf 进行数据展示。Web 项目开发在 Spring Boot 的应用中至关重要，在理解其原理及厘清其处理流程和步骤后，操作实现并不复杂。

单元习题

一、单选题

1. Spring Boot 的静态默认资源路径不包括（　　）。

A. classpath:/resources/templates

B. classpath:/resources/

C. classpath:/static/

D. classpath:/public/

2. RESTful 风格参数在 URL 中以 "/param" 的方式进行传递，接收传递的数值可以使用注解（　　）。

A. @RequestParam

B. @PathVariable

C. @ RequestBody

D. @RequestMapping

3. Thymeleaf 中表示链接网址表达式的是（　　）。

A. ${…}

B. *{…}

C. #{…}

D. @{…}

4. 下列说法正确的是（　　）。

A. th:text 标签属性用于文本替换，它能解析文本中的 HTML 标签

B. th:utext 标签属性用于文本替换，它能解析文本中的 HTML 标签

C. th:if 标签属性表示条件判断，其值只能是 true 或 false

D. th:each 标签属性用于循环遍历，遍历的对象只能是列表或数组

5. 通过（　　）注解可以将请求体中的 JSON 字符串绑定到相应的 Bean 上。

A. @RequestBody

B. @ModelAttribute

C. @Data

D. @Controller

二、填空题

1. 若要控制端返回 JSON 格式的数据，则类上可以使用注解_____。

2. Thymeleaf 默认的模板映射路径是_____。

3. Thymeleaf 在模板页面中，访问时一般在标签前加上_____。

4. 在 Thymeleaf 中，若想迭代获取数组中的值，则应该使用的标签属性为_____。

5. 若用户自己设置了静态资源的访问路径为/mypath/**，则要访问图片 p1.jpg 时，正确的访问路径是 http://localhost:8080/_____。

单元 ⑤ Spring Boot 数据缓存管理

Spring Boot 支持透明地向应用程序添加缓存并对缓存进行管理，管理缓存的核心是将缓存应用于操作数据的方法中，从而减少操作数据的次数，同时不会对应用程序本身造成任何干扰。Spring Boot 集成了 Spring 的缓存管理功能，可以使用@EnableCaching 注解开启基于注解的缓存支持，也可以通过整合第三方缓存（如 Redis）来实现缓存的应用。

知识目标

- ★ 了解缓存的基本原理
- ★ 熟悉 Spring Boot 的主要缓存注解
- ★ 掌握 Spring Boot 基于注解的缓存使用
- ★ 掌握 Redis 缓存的相关知识

能力目标

- ★ 能够熟练使用注解对 Spring Boot 进行缓存配置
- ★ 能够熟练使用 Spring Boot 整合 Redis

任务 5.1 某公司资产管理系统的缓存配置

素养拓展

达权通变的"缓存"

【任务描述】

Spring Boot 项目开发与数据库的交互非常密切，但更多的是访问相同的数据。由于访问速度的问题，频繁地访问数据库势必导致系统运行效率低。Spring Boot 中的整合缓存机制，可以提高系统的运行效率。

在某公司资产管理系统中，修改资产模块使用基于注解的缓存，通过该类缓存来实现系统的缓存功能。

【技术分析】

Spring Boot 基于注解的缓存为在框架中使用缓存提供了便利的条件。Spring Cache 是 Spring 提供的一整套缓存解决方案，它本身不提供缓存实现，而提供统一的接口和代码规范、配置、注解等，为整合专业的第三方缓存提供有利条件。

在实现修改资产信息功能模块时，使用@EnableCaching 注解启动缓存支持，并使用@CacheConfig、@Cacheable、@CacheEvict 及@CachePut 等注解完成缓存功能。

【支撑知识】

缓存的出现主要是为了平衡两个对象之间的速度差值。如果系统在运行过程中频繁地进行数据库的访问，那么势必会因为访问数据库而造成资源的浪费。因此缓存的作用就是减少资源的浪费。

慕课 5-1

Spring Cache 简介和基于注解的缓存

1. 缓存简介

在 Web 项目运行过程中，会发生很多访问数据库的情况，但是在很多的应用场景中通常会获取前后相同或更新频繁的数据，比如访问产品信息数据、网页数据、用户的基本信息数据。如果没有缓存，则每次访问需要重复请求数据库，这会导致大部分时间都浪费在数据库查询和方法调用上，因为数据库进行 I/O 操作非常耗时，这可以利用 Spring Cache 来解决。

在 Spring Boot 开发项目中，Spring Boot 透明地向应用程序中添加缓存，将缓存应用于方法，在方法执行前检查缓存中是否有可用的数据。这样可以减少方法执行的次数，同时提高响应的速度。缓存的开启通过@EnableCaching 注解来实现，缓存开启后，Spring Boot 会自动处理好缓存的基本配置。

当调用一个缓存方法时，会把该方法的参数和返回结果作为键值对保存在缓存中，下次用同样的参数来调用该方法时将不再执行该方法，而是直接从缓存中获取结果进行返回。所以在使用 Spring Cache 时，要保证在缓存的方法和方法参数相同时返回相同的结果。

2. Spring Boot 的缓存注解

Spring Boot 为多种缓存提供了配置支持，主要的缓存有 Redis、Ehcache、Generic、Hazelcast、Infinispan、Couchbase 及 ConcurrentMap 等。在日常使用中，每种缓存都独立发挥作用。

先来看看 Spring Boot 中使用的缓存注解，以及在项目中如何使用基于注解的缓存。Spring Boot 中使用比较多的缓存注解如表 5-1 所示。

表 5-1 缓存注解

注解	作用
@EnableCaching	开启基于注解的缓存
@Cacheable	主要针对方法配置，能够根据方法的请求参数对其结果进行缓存
@CachePut	更新缓存
@CacheEvict	清空缓存
@CacheConfig	统筹管理类中所有使用@Cacheable、@CachePut 和@CacheEvict 注解标注的方法中的公共属性

在 Spring Boot 中的数据缓存部分，主要使用表 5-1 所示的 5 个注解。为了更好地展现缓存注解的作用，需要通过与数据库的交互来体现出缓存注解的功能。

创建名为 user 的数据表，在表中创建两个字段 id 及 name，并完成 3 条数据的插入。

```
//创建数据表user
DROP TABLE IF EXISTS 'user';
```

```
CREATE TABLE 'user' (
 'id' int(11) NOT NULL,
 'name' varchar(50) CHARACTER SET utf8 COLLATE utf8_general_ci NULL DEFAULT NULL,
PRIMARY KEY ('id') USING BTREE
) ENGINE = InnoDB AUTO_INCREMENT = 6 CHARACTER SET = utf8 COLLATE = utf8_general_ci
ROW_FORMAT = Compact;
```

插入数据。

```
INSERT INTO 'user' VALUES ('1001', '张三');
INSERT INTO 'user' VALUES ('1002', '赵四');
INSERT INTO 'user' VALUES ('1003', '王五');
```

数据表 user 的内容如图 5-1 所示。

图 5-1 数据表 user 的内容

下面基于数据表 user，讲解 Spring Boot 中的缓存注解。

（1）@EnableCaching 注解

@EnableCaching 注解是开启缓存的开关，由 Spring 提供，在项目启动类或某个配置类上使用此注解后，表示允许使用注解的方式进行缓存操作。

（2）@Cacheable 注解

@Cacheable 注解由 Spring 提供，作用于类或方法上。在目标方法执行前，会先根据 key 在缓存中查看是否有数据，有数据则直接返回缓存中的 key 对应的值，不再执行目标方法；若缓存中没有数据则执行目标方法，将方法的返回值作为值，并以键值对的形式将其存入缓存。@Cacheable 注解中有多个属性，属性名及其说明如表 5-2 所示。

表 5-2 @Cacheable 注解的属性名及说明

属性名	说明
cacheNames/value	指定缓存的名字，将方法的返回结果以数组的格式放在指定缓存中，可以指定多个缓存
key	指定缓存数据的 key，默认使用方法参数值，可以使用 SpringEL 表达式
keyGenerator	指定缓存数据 key 的生成器，与 key 属性二选一
cacheManager	指定缓存管理器
cacheResolver	指定缓存解析器，与 cacheManager 属性二选一
condition	指定符合某条件时，进行数据缓存
unless	指定符合某条件时，不进行数据缓存
sync	指定是否使用异步缓存，默认值为 false

通过@Cacheable 注解来设置缓存，指定缓存名称为 user，使用 usermapper 对象调用

getUserbyid 方法，根据参数 id 的值来获取 user 对象。示例代码如下。

```
/*打开缓存，并设置缓存名称为user*/
@Cacheable(cacheNames ={"user"})
public User getuser(int id)
{
    System.out.println("查询"+id+"号员工");
    User user=usermapper.getUserbyid(id);
    return user;
}
```

（3）@CachePut 注解

@CachePut 注解可以保证方法被调用的同时使执行结果被缓存，可用于类或方法上，包含的属性与@Cacheable 注解中的属性相同。在执行完目标方法后，将方法的返回值作为值，并以键值对的形式存入缓存中。@CachePut 注解中的参数 key 表示键的值，下面示例代码表示以浏览器中输入的参数 id 的值为键，使用 usermapper 对象调用 updateUser 方法，根据参数 user 对象的值来对相应的 user 对象进行修改。示例代码如下。

```
/*缓存名称为user，更新缓存数据中键为 key 的值*/
@CachePut(value="user",key="#result.id")
public User updateUser(User user)
{
    System.out.println("updateuser:"+user);
    usermapper.updateUser(user);
    return user;
}
```

（4）@CacheEvict 注解

@CacheEvict 注解表示在执行完目标方法后，清除缓存中对应 key 的数据（如果缓存中有对应 key 的数据缓存的话），可用于类或方法上。@CacheEvict 注解中的参数 key 表示键的值，下面示例代码表示以浏览器中输入的参数 id 的值为键，从 user 缓存中删除对应的键值对。示例代码如下。

```
/*缓存名称为user，删除键为 key 的缓存数据*/
@CacheEvict(value = "user",key = "#id")//
public void userDelete(int id)
{
    System.out.println("deleteuser:"+id);
}
```

（5）@CacheConfig 注解

@CacheConfig 注解主要用于统筹管理类中所有使用@Cacheable、@CachePut 和 @CacheEvict 注解标注的方法中的公共属性，这些属性包括 cacheNames、keyGenerator、cacheManager 和 cacheResolver。该注解作用在类上，是一个整合多种注解的综合注解。除此之外还有一个@Caching 注解，可以同时定义复杂的缓存规则，该注解主要有三个属性：Cacheable、put 和 evict，分别用于设置@Cacheable、@CachePut 和@CacheEvict 这三个注解示例代码如下。

```
/*可以一次性对多个注解进行设置，这里设置两个更新键值对的注解 */
@Caching(cacheable = {@Cacheable(value="user",key="#lastName")},
put = {
        @CachePut(value = "user",key="#result.id"),
        @CachePut(value = "user",key = "#result.email")
}
)
public User getUserByLastName(String lastName)
{
    return usermapper.getUserByLastName(lastName);
}
```

以上是对 Spring Boot 缓存相关注解功能的介绍，接下来通过一个示例来介绍基于注解的缓存如何发挥作用。

【示例 5-1】使用@Cacheable、@CachePut 及 @CacheEvict 这 3 个注解设置缓存管理器，完成对用户信息的查询。步骤如下。

慕课 5-2

使用注解完成用户信息的缓存管理

在使用缓存之前，要保证在数据库中有对应的数据表。

① 在使用基于注解的缓存之前，需要通过@EnableCaching 注解开启基于注解的缓存。

```
@MapperScan("com.mapper")//指定需要遍历的 mapper 接口所在的包
@SpringBootApplication
@EnableCaching//开启基于注解的缓存
public class SpringBoot01CacheApplication {
public static void main(String[] args) {
    SpringApplication.run(SpringBoot01CacheApplication.class, args);
}
}
```

② 创建实体类。示例中使用一个用户类作为操作对象，因此在 com.bean 包中建立一个 User 类文件，定义 id 和 name 两个属性，并定义对应的 getter 和 setter 方法。代码如下。

```
package com.bean;
public class User {
    public int getId() {
        return id;
    }
    public void setId(int id) {
        this.id = id;
    }
    public String getName() {
        return name;
    }
    public void setName(String name) {
        this.name = name;
    }
    private int id;
    private String name;
    public User()
```

```
{            super();         }
    public User(int id,String name)
    {
        super();
        this.id=id;
        this.name=name;
    }
}
```

③ 在 mapper 文件夹下新建 UserMapper 接口，该接口负责完成与数据库中信息的交互。通过@Select 注解实现对应的 SQL 查询语句，查询结果通过调用 getUserbyid 方法来实现。代码如下。

```
package com.mapper;
import com.bean.User;
import org.apache.ibatis.annotations.Mapper;
import org.apache.ibatis.annotations.Select;
@Mapper//设置数据映射，根据 id 从数据表 user 中获得用户信息
public interface UserMapper {
    @Select("SELECT * FROM user WHERE id=#{id}")
    public User getUserbyid(int id);
}
}
```

④ 在 service 包中新建一个服务类 UserService。在该类中使用@Cacheable 注解设置缓存名称为 user，使用 usermapper 对象调用 UserMapper 类中定义的 getUserbyid 方法，根据参数 id 的值来获取 user 对象。代码如下。

```
package com.service;

import com.bean.User;
import com.mapper.UserMapper;
import org.springframework.cache.annotation.CacheEvict;
import org.springframework.cache.annotation.CachePut;
import org.springframework.cache.annotation.Cacheable;
import org.springframework.cache.annotation.Caching;
import org.springframework.stereotype.Service;
@Service
public class UserService {
    /* 打开缓存，并设置缓存名称为 user*/
    UserMapper usermapper;//声明一个 usermapper 对象
    @Cacheable(cacheNames ={"user"})//设置缓存名称为 user
    public User getuser(int id)
    {
        System.out.println("查询"+id+"号员工");
        User user=usermapper.getUserbyid(id);//调用 UserMapper 接口中的 getUserbyid
方法

        return user;
    }
}
```

⑤ 在 controller 包中新建 Usercontroller 类，该类主要对返回的数据格式进行控制。使用@Autowired 注解自动注入 UserService 类，使用@GetMapping("/user/{id}")注解设置 GET 请求，使用@PathVariable("id")注解来获得 GET 请求中 id 的路径。代码如下。

```java
package com.controller;
import com.bean.User;
import com.service.UserService;
import org.springframework.beans.factory.annotation.Autowired;
import org.springframework.web.bind.annotation.GetMapping;
import org.springframework.web.bind.annotation.PathVariable;
import org.springframework.web.bind.annotation.ResponseBody;
import org.springframework.web.bind.annotation.RestController;
@RestController//该注解表示以 JSON 格式返回数据
@ResponseBody
public class Usercontroller {
    @Autowired//自动注入 UserService 类
    UserService userservice;
    @GetMapping("/user/{id}")//设置 GET 请求
    public User getUser(@PathVariable("id") Integer id)//通过@PathVariable 注解获取
id 的值
    {
        User user=userservice.getuser(id);
        return user;
    }
}
```

到目前为止，完成了一个简单的从数据库中根据 id 来查找相关用户的示例。在浏览器中访问 http://localhost:8080/user/1001，获取 id 为 1001 的用户信息。

当第一次执行时，信息是从数据库中获取的，在控制台的输出中可以看到相关信息。当再次发送请求时，在控制台中不会有发送 SELECT 语句的信息，说明信息是从 user 缓存中获取的。

在浏览器页面中显示出 id 为 1001 的用户信息，如图 5-2 所示。

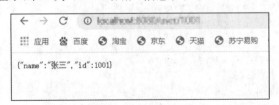

图 5-2　查询结果

在项目的控制台中，输出了当前数据查询请求的结果。第一次请求时，控制台的输出信息如图 5-3 所示。可以看到在右侧的信息中有对应的 SELECT 查询语句。

```
1001号员工
.-07-19 00:05:52.799 INFO 15816 --- [nio-8080-exec-1] com.zaxxer.hikari.HikariDataSource      : HikariPool-1 - Starting...
.-07-19 00:05:53.256 INFO 15816 --- [nio-8080-exec-1] com.zaxxer.hikari.HikariDataSource      : HikariPool-1 - Start completed.
.-07-19 00:05:53.263 DEBUG 15816 --- [nio-8080-exec-1] com.mapper.UserMapper.getUserbyid       : ==>  Preparing: SELECT * FROM user WHERE id=?
.-07-19 00:05:53.283 DEBUG 15816 --- [nio-8080-exec-1] com.mapper.UserMapper.getUserbyid       : ==> Parameters: 1001(Integer)
.-07-19 00:05:53.305 DEBUG 15816 --- [nio-8080-exec-1] com.mapper.UserMapper.getUserbyid       : <==      Total: 1
.-07-19 00:05:53.352 DEBUG 15816 --- [nio-8080-exec-1] m.m.a.RequestResponseBodyMethodProcessor : Using 'application/json;q=0.8', given [text/ht
.-07-19 00:05:53.352 DEBUG 15816 --- [nio-8080-exec-1] m.m.a.RequestResponseBodyMethodProcessor : Writing [com.bean.User@80b887d]
.-07-19 00:05:53.368 DEBUG 15816 --- [nio-8080-exec-1] o.s.web.servlet.DispatcherServlet        : Completed 200 OK
```

图 5-3　第一次请求时控制台的输出信息

第二次请求时，数据就从刚才的缓存中读出，控制台的输出信息如图 5-4 所示，没有再次发送 SELECT 语句，而从缓存中直接获取了结果。

```
0:07:05.384 DEBUG 15816 --- [nio-8080-exec-4] o.s.web.servlet.DispatcherServlet        : GET "/user/1001", parameters={}
0:07:05.388 DEBUG 15816 --- [nio-8080-exec-4] s.w.s.m.m.a.RequestMappingHandlerMapping : Mapped to com.controller.Usercontroller#getUser(Intege
0:07:05.391 DEBUG 15816 --- [nio-8080-exec-4] m.m.a.RequestResponseBodyMethodProcessor : Using 'application/json;q=0.8', given [text/html, appl
0:07:05.391 DEBUG 15816 --- [nio-8080-exec-4] m.m.a.RequestResponseBodyMethodProcessor : Writing [com.bean.User@77d6ed85]
0:07:05.393 DEBUG 15816 --- [nio-8080-exec-4] o.s.web.servlet.DispatcherServlet        : Completed 200 OK
```

图 5-4　第二次请求时控制台的输出信息

在完成了数据信息的缓存之后，使用@CachePut 注解对查询出的用户信息进行修改，把当前的 name 值改为"zhangsan"。

在 UserMapper.java 文件的接口 UserMapper 中实现 updateUser 方法，使用@Update 注解来实现 SQL 语句的定义，代码如下。

```java
package com.mapper;
import com.bean.User;
import org.apache.ibatis.annotations.Mapper;
import org.apache.ibatis.annotations.Select;
import org.apache.ibatis.annotations.Update;
@Mapper//设置数据映射，根据 id 从数据表 user 中获得用户信息
public interface UserMapper {
    @Update("UPDATE user SET name=#{name} WHERE id=#{id}")
    public void updateUser(User user);
}
```

在 UserService 类中实现 updateUser 方法，代码如下。

```java
package com.service;

import com.bean.User;
import com.mapper.UserMapper;
import org.springframework.cache.annotation.CacheEvict;
import org.springframework.cache.annotation.CachePut;
import org.springframework.cache.annotation.Cacheable;
import org.springframework.cache.annotation.Caching;
import org.springframework.stereotype.Service;
@Service
    public class UserService {
    /* 打开缓存，并设置缓存名称为user*/
    @Autowired//自动注入 import 的文件，包括 UserMapper.java 等
    UserMapper usermapper;//声明一个usermapper对象
    @CachePut(value="user",key="#result.id")//使用传入的参数 id，也就是修改的数据中对应的 id
    public User updateUser(User user)
    {
        System.out.println("updateuser:"+user);
        usermapper.updateUser(user);
        return user;
    }
}
```

在程序中，key 的值如果不按照代码中的要求设定，会在程序执行时重新生成一个键值对存入缓存中，造成前后键值对不一致而无法得到期望的结果。

接下来，在 Usercontroller 类中实现 update 方法， @RestController 注解表示以 JSON 格式返回数据，代码如下。

```
package com.controller;
import com.bean.User;
import com.service.UserService;
import org.springframework.beans.factory.annotation.Autowired;
import org.springframework.web.bind.annotation.GetMapping;
import org.springframework.web.bind.annotation.PathVariable;
import org.springframework.web.bind.annotation.ResponseBody;
import org.springframework.web.bind.annotation.RestController;
@RestController//该注解表示以 JSON 格式返回数据
public class Usercontroller {
    @Autowired//自动注入 UserService 类
    UserService userservice;
    //设置 GET 请求
    @GetMapping("/user")
    public User update(User user)
    {
        User user_tmp=userservice.updateUser(user);
        return user_tmp;
    }
}
```

重新启动 SpringBoot01CacheApplication 类，并在浏览器中输入相应内容发送请求，运行结果如图 5-5 所示。

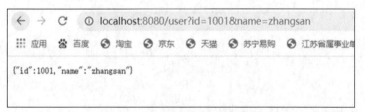

图 5-5　修改名字后的运行结果

结果显示修改成功，再次查询对应的用户 id，得到的结果为修改后的信息，如图 5-6 所示。

图 5-6　修改后再次查询的结果

接下来，使用@CacheEvict 注解删除缓存中对应的信息。首先在 UserMapper 类中使用 @Delete 注解定义 SQL 语句，代码如下。

```
package com.mapper;
import com.bean.User;
import org.apache.ibatis.annotations.Mapper;
import org.apache.ibatis.annotations.Select;
import org.apache.ibatis.annotations.Update;
@Mapper//设置数据映射
public interface UserMapper {
    @Delete("DELETE FROM user WHERE id=#{id}")
    public void deleteuser(Integer id);
}
```

在 UserService 类中定义方法 userDelete，方法中使用@CacheEvict 注解删除缓存，代码如下。

```
package com.service;
import com.bean.User;
import com.mapper.UserMapper;
import org.springframework.cache.annotation.CacheEvict;
import org.springframework.cache.annotation.CachePut;
import org.springframework.cache.annotation.Cacheable;
import org.springframework.cache.annotation.Caching;
import org.springframework.stereotype.Service;
@Service
public class UserService {
    /* 根据 id 删除 user 缓存中对应的数据*/
    @Autowired
    UserMapper usermapper;//声明一个 usermapper 对象
    @CacheEvict(value = "user",key = "#id")
    public void userDelete(Integer id)
    {
        usermapper.deleteuser(id);
        System.out.println("deleteuser:"+id);
    }
}
```

在 Usercontroller 类中实现如下代码。

```
package com.controller;

import com.bean.User;
import com.service.UserService;
import org.springframework.beans.factory.annotation.Autowired;
import org.springframework.web.bind.annotation.GetMapping;
import org.springframework.web.bind.annotation.PathVariable;
import org.springframework.web.bind.annotation.ResponseBody;
import org.springframework.web.bind.annotation.RestController;
@RestController//该注解表示以 JSON 格式返回数据
public class Usercontroller {
```

```
@Autowired//自动注入 UserService 类
UserService userservice;
@GetMapping("/deluser")
public String deleteUser(int id)
{
    userservice.userDelete(id);
    return "success";
}
}
```

在完成上述代码实现后，浏览器中的运行结果如图 5-7 所示。

图 5-7　删除缓存后的运行结果

【课堂实践】使用@Cacheable、@CachePut 及@CacheEvict 这 3 个注解设置基于员工表的缓存管理，进行增删改查操作。

【任务实现】

采用基于注解的缓存实现某公司资产管理系统中的信息缓存部分。涉及 2 个文件：AssetsManagerApplication.java，开启基于注解的缓存；SysAssetServiceImpl.java，设置系统中基于缓存的具体服务，也包含部分基于 Redis 的实现。

慕课 5-3

任务 5.1 分析与实现

在启动类 AssetsManagerApplication 上添加@EnableCaching 注解，代码如下。

```
package com.cg.test.am;
import org.springframework.boot.SpringApplication;
import org.springframework.boot.autoconfigure.SpringBootApplication;
import org.springframework.cache.annotation.EnableCaching;
import org.springframework.scheduling.annotation.EnableAsync;
/**
* 开启缓存注解
*/
@EnableCaching
@SpringBootApplication
public class AssetsManagerApplication {
    public static void main(String[] args) {
        SpringApplication.run(AssetsManagerApplication.class, args);
    }
}
```

在 SysAssetServiceImpl 类中，在需要使用到缓存的方法中添加对应的注解，代码如下。

```
package com.cg.test.am.service.impl;
```

```
/**
 * 此处省略 import 语句
 */
@Service
public class SysAssetServiceImpl implements SysAssetService {
        @CacheEvict(cacheNames = {"sysAsset"}, key = "#id")    //若以后引入 Redis, 添加
//redisCacheConfig 的配置文件后, 会默认使用 Redis 的缓存
    public void modify(SysAssetReq req, Long id){
        try{
        //判断修改 id 是否存在
        Integer count = sysAssetMapper.selectCount(new
QueryWrapper<SysAsset>().eq("id", id).eq("del_flag", 0));
        if (count == 0) {
            throw new ChorBizException(AmErrorCode.NULL_FOUND);
        }
        log.info("调用了清除缓存的方法,清除了 id 为{}的缓存信息", id);
    //根据类型 id 查询最上级 id, 只有低值易耗品, 数量才能存在多个
        SysAssetType sysAssetTypeInfo =
sysAssetTypeMapper.selectById(req.getAssetType());

    if(!sysAssetTypeInfo.getSuperId().equals(ParamsConstant.ASSET_TYPE_CONSUMABLES)
                    && req.getAssetNum()>1){
                throw new ChorBizException(AmErrorCode.NUM_ABNORMAL);
        }
        SysAsset sysAsset = new SysAsset();
        CopyUtils.copyProperties(req, sysAsset);
        sysAsset.setId(id);
    sysAsset.setUpdateTime(System.currentTimeMillis());
            sysAssetMapper.updateByPrimaryKeySelective(sysAsset);

        }catch (ChorBizException e){
            throw e;
        }catch (Exception e){
            e.printStackTrace();
            throw new ChorBizException(AmErrorCode.SERVER_ERROR);
        }
    }
    @Override
    @Cacheable(cacheNames = {"sysAsset"}, key = "#id")
    public SysAssetResp find(Long id){
    try {
    SysAssetResp sysAssetResp = sysAssetMapper.getOne(id);
    log.info("缓存不存在, 执行了查询方法! ");
    if(null == sysAssetResp){
    throw new ChorBizException(AmErrorCode.NULL_FOUND);
    }
    //使用年限计算, 归还时间减去领用时间
```

```
Long now = System.currentTimeMillis();
        double difference = (double) (now - sysAssetResp.getCreateTime() ) / 1000;
        double d = difference / 86400 / 365;
        Integer usedAge = (int) Math.ceil(d);
        sysAssetResp.setUsedAge(usedAge+"年");
        return sysAssetResp;
        } catch (ChorBizException e) {
            throw e;
        } catch (Exception e) {
            throw new ChorBizException(AmErrorCode.SERVER_ERROR);
        }
    }
```

由以上代码看出，在 modify 方法上使用了@CacheEvict 注解，使用后，该方法会清除缓存；在 find 方法上使用了@Cacheable 注解。

素养拓展

一心一意的"Redis"

任务 **5.2** 某公司资产管理系统的 Redis 缓存设置

【任务描述】

虽然 Spring Boot 项目为数据的管理提供了缓存机制，但是项目实现方面更多采用整合 Redis 的形式来实现缓存。通过专业的第三方缓存，能更好地实现系统的功能。

在某公司资产管理系统中，修改资产模块使用基于 Redis 的缓存机制，其中的保存信息模块使用 Redis 来完成缓存的功能。

【技术分析】

在配置缓存组件的过程中，需要先单独安装 Redis，使其成为缓存中间件，并在 Spring Boot 项目中添加 Spring Data Redis 依赖启动器，配置 Redis 服务连接。使用@Cacheable、@CachePut、@CacheEvict 注解制定缓存管理机制。在缓存注解的基础上，把 Redis 整合到 Spring Boot 项目中，使其能够透明地为项目开发提供缓存技术，进而提高项目整体的响应速度。

【支撑知识】

1. Redis 简介

Redis 是一个开源（BSD 许可）的、安装在内存中的数据结构存储系统，它可以用作数据库、缓存和消息中间件。它支持多种类型的数据结构，如字符串（string）、哈希（hash）、列表（list）、集合（set）、有序集合（sorted set）及范围查询等。Redis 内置了 Lua 脚本（Lua scripting）、LRU 驱动（LRU eviction）事件、事务和不同级别的磁盘持久化（persistence）等机制，通过 Redis 哨兵（sentinel）和自动分区（cluster）提供高可用性（high availability）。

Redis 数据都是缓存在计算机内存中的，Redis 会周期性地把更新的数据写入磁盘，以及把修改操作追加到记录文件中，实现数据的持久化。

慕课 5-4

使用 Spring Boot 整合 Redis

2. 使用 Spring Boot 整合 Redis

在 Spring Boot 中，默认集成的 Redis 是 Spring Data Redis，Spring Data Redis 针对 Redis 提供了非常方便的操作模版 RedisTemplate。使用 Spring Boot 整合 Redis 主

要有如下两个步骤。

① 添加 Spring Data Redis 依赖启动器。

创建 Spring Boot 项目，引入 JPA、MySQL、Web、Redis 等依赖。

在项目的 pom.xml 文件中添加 Spring Data Redis 依赖启动器，代码如下。

```xml
<dependency>
    <groupId>org.springframework.boot</groupId>
    <artifactId>spring-boot-starter-data-redis</artifactId>
</dependency>

<dependency>
    <groupId>org.springframework.boot</groupId>
    <artifactId>spring-boot-starter-data-redis</artifactId>
    <exclusions>
        <exclusion>
        <groupId>io.lettuce</groupId>
        <artifactId>lettuce-core</artifactId>
        </exclusion>
    </exclusions>
</dependency>

<dependency>
<groupId>redis.clients</groupId>
<artifactId>jedis</artifactId>
<version>3.6.0</version>
</dependency>


<dependency>
<groupId>org.springframework.boot</groupId>
<artifactId>spring-boot-starter-web</artifactId>
</dependency>

<dependency>
<groupId>mysql</groupId>
<artifactId>mysql-connector-java</artifactId>
<scope>runtime</scope>
</dependency>
<dependency>
<groupId>org.projectlombok</groupId>
<artifactId>lombok</artifactId>
<optional>true</optional>
</dependency>

<dependency>
<groupId>com.alibaba</groupId>
<artifactId>druid</artifactId>
```

```
<version>1.1.9</version>
</dependency>
```

② Redis 服务连接配置。

使用第三方缓存 Redis 进行缓存管理时，缓存数据不同于 Spring Boot 默认的缓存管理那样存储在内存中，而是需要预先搭建 Redis 服务的数据仓库进行缓存存储（这里不再进行详细介绍）。因此，需要先安装 Redis 服务，之后在项目的全局配置文件 application.properties 中添加 Redis 服务的连接配置。示例代码如下。

```
#添加连接 MySQL 数据库的基本信息
spring.datasource.type=com.alibaba.druid.pool.DruidDataSource
spring.datasource.url=jdbc:mysql://localhost:3306/springboot
spring.datasource.password=ch0831
spring.datasource.username=root
#设置 Redis 的服务器为本地服务器，等同于 127.0.0.1
spring.redis.host=locahost
```

通过上面的两个步骤，我们在项目中已经添加了 Redis 缓存依赖和 Redis 服务的连接配置，接下来就可以直接启动项目进行 Redis 缓存测试。具体通过示例 5-2 来了解 Redis 的功能。

【示例 5-2】使用基于注解的 Redis 实现缓存管理，实现在 Redis 中根据 id 获取用户信息。

项目结构如图 5-8 所示。

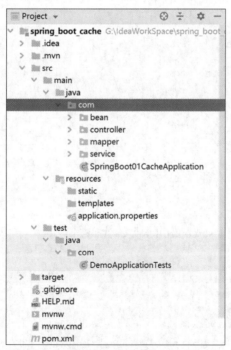

图 5-8　项目结构

在定义测试类之前先实现其他的文件。

① 创建实体类 User。

以 User 类为基础，对 User 类进行序列化，代码如下。

```
package com.bean;

import java.io.Serializable;
public class User implements Serializable {
public String getName() {
    return name;
}

public void setName(String name) {
    this.name = name;
}

public int getId() {
    return id;
}

public void setId(int id) {
    this.id = id;
}
private int id;
private String name;
public User()
{
    super();
}
public User(int id,String name)
{
    super();
    this.id=id;
    this.name=name;
}

}
```

② 创建 Usercontroller 类。

在 controller 包中创建 Usercontroller 类，代码如下。

```
package com.controller;

import com.bean.User;
import com.service.UserService;
import org.springframework.beans.factory.annotation.Autowired;
import org.springframework.web.bind.annotation.GetMapping;
import org.springframework.web.bind.annotation.PathVariable;
@Rest Controller
public class Usercontroller {
    @Autowired//自动注入
    UserService userservice;
```

```java
@GetMapping("/user/{id}")//设置查询方式
public User getUser(@PathVariable("id") Integer id)//通过@PathVariable 获取 id
```
的路径
```java
{
    User user=userservice.getuser(id);
    return user;
}
@GetMapping("/user")
public User update(User user)
{
    User user_tmp=userservice.updateUser(user);
    return user_tmp;
}

@GetMapping("/deluser")
public String deleteUser(int id)
{
    userservice.userDelete(id);
    return"success";
}
}
```

③ 创建映射接口 UserMapper。

```java
package com.mapper;

import com.bean.User;
import org.apache.ibatis.annotations.Delete;
import org.apache.ibatis.annotations.Mapper;
import org.apache.ibatis.annotations.Select;
import org.apache.ibatis.annotations.Update;
@Mapper//设置数据映射，根据 id 从数据表 user 中获得用户信息
public interface UserMapper {
    @Select("SELECT * FROM user WHERE id=#{id}")
    public User getUserbyid(int id);
    @Update("UPDATE user SET name=#{name} WHERE id=#{id}")
    public void UpdateUser(User user);
    @Delete("DELETE FROM user WHERE id=#{id}")
    public void deleteuser(Integer id);

}
```

④ 创建 UserService 类。

在 service 包中创建 UserService 类，在该类中使用缓存注解定义缓存，代码如下。

```java
package com.service;

import com.bean.User;
import com.mapper.UserMapper;
import org.springframework.beans.factory.annotation.Autowired;
```

```
import org.springframework.cache.annotation.CacheEvict;
import org.springframework.cache.annotation.CachePut;
import org.springframework.cache.annotation.Cacheable;
import org.springframework.cache.annotation.Caching;
import org.springframework.stereotype.Service;

@Service
public class UserService {
    /*将方法的返回结果进行缓存，后面使用相同数据时，直接从缓存中获取，不用调用方法*/
    @Autowired
    UserMapper usermapper;//声明一个 usermapper 对象
    @Cacheable(cacheNames ={"user"})//设置缓存名称为 user
    public User getuser(int id)
    {
        System.out.println("查询"+id+"号员工");
        User user=usermapper.getUserbyid(id);//调用 UserMapper 接口中的 getUserbyid 方法
        return user;
    }
}
```

使用 http://localhost:8080/user/1001 查询得到对应的信息，同时在 Redis 中，也保存了 id 为 1001 的信息，完成信息缓存，如图 5-9 所示。

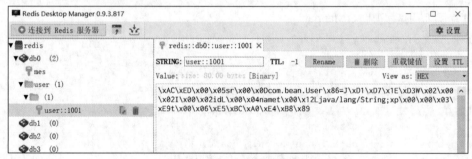

图 5-9　Redis 的缓存界面

【任务实现】

在某公司资产管理系统的开发过程中，采用 Redis 作为缓存中间件，完成修改资产信息部分功能模块及查询资产信息详情功能模块，核心文件主要有两个，即配置类文件 RedisCacheConfig.java 和控制器文件 RedisTestController.java，其他一些辅助类和测试类可以参照项目源码。

慕课 5-5

任务 5.2 分析与实现

实现 RedisCacheConfig.java 文件的主要代码如下。

```
package com.cg.test.am.configuration;
/**
 * Redis 配置类
 */
@Configuration
public class RedisCacheConfig extends CachingConfigurerSupport {
    @Resource
    private RedisConnectionFactory connectionFactory;
```

```java
    /**
     * RedisTemplate 序列化方式
     * @return
     */
    @Bean
    public RedisTemplate<String, Object> redisTemplate() {
            RedisTemplate<String, Object> redisTemplate = new RedisTemplate<>();
            GenericJackson2JsonRedisSerializer valueSerializer = new
    GenericJackson2JsonRedisSerializer();
            redisTemplate.setEnableTransactionSupport(true);
            StringRedisSerializer ser=new StringRedisSerializer();
            redisTemplate.setKeySerializer(ser);
            redisTemplate.setValueSerializer(serializer());
            redisTemplate.setHashKeySerializer(ser);
            redisTemplate.setHashValueSerializer(valueSerializer);
            redisTemplate.setConnectionFactory(connectionFactory);
            return redisTemplate;
    }
    /**
     * 缓存管理器
     */
    @Bean
    public CacheManager cacheManager() {
        RedisSerializer<String> redisSerializer = new StringRedisSerializer();
        // 配置序列化（解决乱码的问题）
        RedisCacheConfiguration config = RedisCacheConfiguration.defaultCacheConfig()
                // 缓存有效期
                .entryTtl(6000)
                // 使用 StringRedisSerializer 来序列化和反序列化 Redis 的 key 值
                .serializeKeysWith(RedisSerializationContext.SerializationPair.fromSe-
    rializer(redisSerializer))
                // 使用 Jackson2JsonRedisSerializer 来序列化和反序列化 Redis 的 value 值
                .serializeValuesWith(RedisSerializationContext.SerializationPair.from
    Serializer(serializer()))
                // 禁用空值
                .disableCachingNullValues();
        return RedisCacheManager.builder(connectionFactory)
                .cacheDefaults(config)
                .build();
    }
    /**
     * 缓存序列化策略
     * @return
     */
    private Jackson2JsonRedisSerializer<Object> serializer() {
        // 使用 Jackson2JsonRedisSerializer 来序列化和反序列化 Redis 的 value 值
        Jackson2JsonRedisSerializer<Object> jackson2JsonRedisSerializer = new
```

```
Jackson2JsonRedisSerializer<>(Object.class);
        ObjectMapper objectMapper = new ObjectMapper();
        // 指定要序列化的域，field、get 和 set 及修饰符范围，ANY 是指包括 private 和 public
        objectMapper.setVisibility(PropertyAccessor.ALL, JsonAutoDetect.Visibility.ANY);
        objectMapper.enableDefaultTyping(ObjectMapper.DefaultTyping.NON_FINAL);
        // 指定序列化输入的类型，类必须是用非 final 修饰的，用 final 修饰的类如 String、Integer 等
会抛出异常
        objectMapper.activateDefaultTyping(LaissezFaireSubTypeValidator.instance,
ObjectMapper.DefaultTyping.NON_FINAL);
        jackson2JsonRedisSerializer.setObjectMapper(objectMapper);
        return jackson2JsonRedisSerializer;
    }
}
```

实现 RedisTestController.java 文件的代码如下。

```
ackage com.cg.test.am.controller;
import com.cg.test.am.model.SysUnit;
import com.cg.test.am.response.core.ChorResponse;
import com.cg.test.am.response.utils.ChorResponseUtils;
import com.cg.test.am.service.RedisTestService;
import com.cg.test.am.vo.request.RedisTestReq;
import io.swagger.annotations.Api;
import io.swagger.annotations.ApiOperation;
import org.springframework.web.bind.annotation.*;
import javax.annotation.Resource;

@Api(tags = "Redis API 示例")
@RestController
@RequestMapping("/redisTest")
public class RedisTestController {
    @Resource
    private RedisTestService redisTestServiceImpl;
    @ApiOperation(value = "获取信息")
    @GetMapping("/getValue/{key}")
    public ChorResponse getValue(@PathVariable String key) {
        Object o = redisTestServiceImpl.get(key);
        return ChorResponseUtils.success(o);
    }
    @ApiOperation(value = "存入数据")
    @PostMapping("/setValue")
    public ChorResponse setValue(@RequestBody RedisTestReq redisTestReq) {
        redisTestServiceImpl.set(redisTestReq.getKey(), redisTestReq.getObj());
        return ChorResponseUtils.success();
    }
}
```

拓展实践

实践任务	某公司资产管理系统的 Redis 缓存配置
任务描述	虽然 Spring Boot 项目为数据的管理提供了缓存机制，但是项目实现方面更多采用基于注解的形式整合 Redis。通过专业的第三方缓存，能更好地实现系统的功能
主要思路及步骤	1. 单独安装 Redis，使其成为缓存中间件。 2. 在 Spring Boot 项目中添加 Spring Data Redis 依赖启动器，配置 Redis 服务连接； 3. 使用@Cacheable、@CachePut、@CacheEvict 注解制定缓存管理机制； 4. 在缓存注解的基础上，把 Redis 整合到 Spring Boot 项目中，使其能够透明地为项目开发提供缓存技术，提高项目整体的响应速度
任务总结	

单元小结

本单元主要介绍了 Spring Boot 中基于注解的缓存，包括使用@EnableCaching 注解启动缓存支持，使用@CacheConfig、@Cacheable、@CacheEvict 及@CachePut 等注解完成缓存功能。

最后，本单元在注解的基础上，整合 Redis，完成系统基于 Redis 的缓存功能。

单元习题

一、单选题

1. 下列不属于 Spring Boot 的缓存注解的是（　　　）。

A. @Cacheable 注解

B. @CacheEvict 注解

C. @CachePut 注解

D. @RabbitMQ 注解

2. 以下注解描述错误的是（　　　）。

A. @Cacheable 注解能够根据方法的请求参数对其结果进行缓存

B. @CacheEvict 注解保证方法被调用，又希望结果被缓存

C. @CacheEvict 注解用于清空缓存

D. @EnableCaching 注解用于开启基于注解的缓存

3. 下列不属于缓存中间件的是（　　　）。

A. Redis

B. Hazelcast

C. Couchbase

D. HBase

4. 在 Redis 中，操作字符串类型的键值对使用的方法是（　　　）。

A. opsForHash

B.　opsForList

C.　opsForValue

D.　opsForSet

二、填空题

1. 开启基于注解的缓存使用的注解是_____。

2. Redis 中包含两个序列化类，分别为_____和_____。

单元 ⑥ Spring Boot 消息队列

在 Spring Boot 项目开发中，为了保证系统高效、准确地运行，使用消息队列来实现消息的传递和接收，也可以称为消息的生产和消费。Spring Boot 提供了集成消息中间件的模块组件，通过在 Spring Boot 项目中整合 RabbitMQ，完成系统中的消息管理。

知识目标

- ★ 了解消息队列的基本原理
- ★ 了解常用消息中间件
- ★ 了解 RabbitMQ 并理解其运行机制
- ★ 掌握 RabbitMQ 作为消息中间件的配置

能力目标

- ★ 能够熟练使用 RabbitMQ 实现消息队列
- ★ 能够掌握使用 Spring Boot 整合 RabbitMQ 的方法

任务 6.1 了解消息队列

【任务描述】

对消息队列的基本知识进行学习，理解消息队列的结构及其如何发挥作用。

【技术分析】

在 Spring Boot 项目中整合消息中间件，可以对消息的生产和消费进行很好的管理。通过对消息服务基本知识的学习，了解消息服务的基本结构，能更好地理解消息中间件的功能和原理。

【支撑知识】

1. 消息服务

消息服务是用于访问企业消息系统的标准 API，消息中间件用于实现消息服务。企业消息系统可以协调应用程序通过网络进行消息交互。

JMS 即 Java 消息服务（Java Message Service），是 Java 平台中面向消息中间件的 API，用于在两个应用程序之间或分布式系统中发送消息，进行异步通信。JMS 扮演的角色与 JDBC 很相似，正如 JDBC 提供了一套用于访问各种关系数据库的公共 API，JMS 也提供了独立于特定厂商的企业消息系统访问方式。

慕课 6-1

消息服务和常用消息中间件

使用 JMS 的应用程序被称为 JMS 客户端，处理消息的路由与消息系统被称为 JMS Provider，而 JMS 应用则是由多个 JMS 客户端和一个 JMS Provider 构成的业务系统。发送消息的 JMS 客户端被称为生产者（producer），而接收消息的 JMS 客户端被称为消费者（consumer）。

从本质上来说，消息服务由 3 部分构成，包括生产部分、存储部分及消费部分。生产部分把消息发送出来，消息会进入存储部分，存储部分就是后来的消息队列，在消息队列中对发送过来的消息进行排队存储，之后由消费者按消息顺序对接收的消息进行消费。消息服务的处理过程如图 6-1 所示。

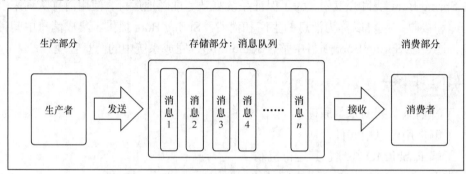

图 6-1　消息服务的处理过程

生产者生产消息，并将消息发送给消息队列，在消息队列中对消息进行一定的排序，后续由消费者把相应消息接收。基于上述结构，产生了多种第三方消息服务的 API，称为消息中间件。

素养拓展

遵守规章制度的"消息队列"

2. 常用消息中间件

（1）ActiveMQ

ActiveMQ 是 Apache 软件基金会出品的、采用 Java 语言编写的、完全基于 JMS 规范的、面向消息的中间件，它为应用程序提供高效、可扩展、稳定、安全的企业级消息通信。ActiveMQ 丰富的 API 和多种集群构建模式使得它成为业界"老牌"的消息中间件，广泛地应用于中小型企业中。

ActiveMQ 实现了 JMS 规范并提供了很多附加的特性，主要有以下特性。

- JMX 管理：Java Management Extensions，即 Java 管理扩展。
- 主从管理：master/slave，这是集群模式的一种，主要体现在可靠性方面，如果主代理出现故障，那么从代理会替代主代理的位置，不至于使消息系统瘫痪。
- 消息组通信：同一组的消息，仅会提交给一个客户进行处理。
- 有序消息管理：确保消息能够按照发送的顺序被接收者接收。
- 消息优先级：优先级高的消息先被投递和处理。
- 订阅消息的延迟接收：订阅消息在发布时，如果订阅者没有开启连接，那么当订阅者开启连接时，消息代理将会向其提交之前未处理的消息。
- 成熟的消息持久化技术：部分消息需要持久化到数据库或文件系统中，当代理崩溃时，消息不会丢失。

- 支持消息的转换、使用 Apache Camel 支持 EIP（enterprise information portal，企业信息门户）、使用镜像队列的形式轻松地对消息队列进行监控等。

除了以上特性外，ActiveMQ 还提供了广泛的连接模式，包括 HTTP（S）、JGroups、JXTA、Muticast、SSL、TCP、UDP、XMPP 等。

另外，ActiveMQ 提供了多种客户端可访问的 API，包括 Java、C/C++、.NET、Perl、PHP、Python、Ruby 等。当然，ActiveMQ 必须运行在 Java 虚拟机（Java virtual machine，JVM）中，但是使用它的客户端可以使用其他的语言来实现。

（2）RabbitMQ

RabbitMQ 是使用 Erlang 语言开发的开源消息队列系统，基于 AMQP（Advanced Message Queuing Protocol，高级消息队列协议）实现。AMQP 是为应对大规模并发活动而提供统一消息服务的应用层标准高级消息队列协议，专门为面向消息的中间件设计。该协议更多用在企业系统内对数据一致性、稳定性和可靠性要求很高的场景中，对性能和吞吐量的要求还在其次。

RabbitMQ 最初源于金融系统，用于在分布式系统中存储转发消息，在易用性、扩展性和高可用性等方面表现较好。RabbitMQ 主要由以下几部分组成。

- Broker：表示消息队列服务器实体。
- Message：消息（指不具体的消息），由消息头和消息体组成。消息体是不透明的，而消息头则由一系列的可选属性组成，这些属性包括 routing-key（路由键）、priority（相对于其他消息的优先级）、delivery-mode（指出该消息可能需要持久性存储）等。
- Virtual Host：虚拟主机，表示一批交换器、消息队列和相关对象。虚拟主机是共享相同的身份认证和加密环境的独立服务器域。
- Publisher：消息的生产者，也是一个向交换器发送消息的客户端应用程序。
- Exchanger：交换器，用来接收生产者发送的消息并将这些消息路由给服务器中的队列。
- Binding：绑定，用于关联消息队列和交换器。绑定就是基于路由键将交换器和消息队列连接起来的路由规则，所以可以将交换器理解成由绑定构成的路由表。
- Queue：消息队列，用来保存消息直到将消息发送给消费者，它是消息的容器，也是消息的终点。一个消息可投入一个或多个队列，消息一直在队列里面，等待消费者连接到这个队列并将其取走。
- Connection：网络连接，比如一个 TCP 连接。
- Channel：信道，多路复用连接中的一条独立的双向数据流通道。信道是建立在真实的 TCP 连接内的虚拟连接，AMQP 命令都是通过信道发出去的，不管是发布消息、订阅消息还是接收消息，这些动作都是通过信道完成的，因为对于操作系统来说，建立和销毁 TCP 连接都是非常昂贵的开销，所以引入了信道的概念。
- Consumer：消息的消费者，表示一个从消息队列中取得消息的客户端应用程序。

（3）Kafka

Kafka 是由 Apache 软件基金会开发的一个开源处理的平台，它是一种高吞吐量的分布式发布订阅消息系统，采用 Scala 和 Java 语言编写，提供了快速、可扩展、分布式、分区和可复制的日志订阅服务，其主要特点是追求高吞吐量，适用于产生大量数据的互联网服务的数据收集业务。

Kafka 的特点主要包括以下几点。

- 以时间复杂度为 $O(1)$ 的方式提供消息持久化能力，即使对 TB 级以上数据也能保证很好的访问性能。
- 高吞吐量，即使在非常廉价的商用机器上也能做到单机支持每秒 10 万条消息的传输。
- 支持 Kafka 服务器间的消息分区及分布式消费，保证每个分区内的消息顺序传输，同时支持离线数据处理和实时数据处理。
- 支持在线水平扩展。

（4）RocketMQ

RocketMQ 是阿里巴巴集团开源产品，目前也是 Apache 软件基金会的顶级项目之一，使用 Java 语言开发，具有高吞吐量、高可用、适合大规模分布式系统应用的特点。RocketMQ 的设计思路源于 Kafka，对消息的可靠传输及事务性进行了优化。

3. RabbitMQ 的安装

由于 RabbitMQ 服务端代码是使用并发式语言 Erlang 编写的，因此安装 RabbitMQ 之前需要先安装 Erlang。

（1）安装 Erlang

我们可以从官网 downloads 处下载得到最新版本及之前的旧版本的 Erlang，如图 6-2 所示。

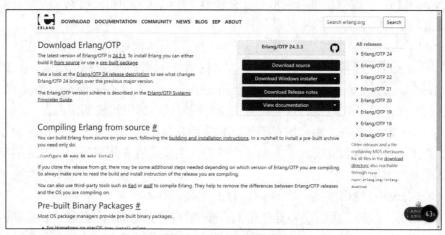

图 6-2　Erlang 下载界面

在本书中，我们选择 OTP 21.0.1 Windows 64-bit Binary File。

（2）设置环境变量

打开"编辑环境变量"对话框，新建变量 ERLANG_HOME，值为 Erlang 所在路径，再修改环境变量 Path，增加 Erlang 变量至 Path，值为"%ERLANG_HOME%\bin\"，如图 6-3 所示，设置完成后单击"确定"按钮即可。

打开 cmd 命令框，输入 erl，显示 Erlang 的版本信息，即代表配置成功。这样，Erlang 安装完成。

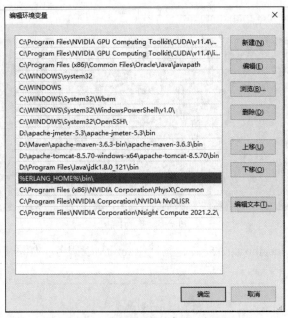

图 6-3 "编辑环境变量"对话框

（3）安装 RabbitMQ

在 Rabbit MQ 官网的 Get Started 处打开下载界面，如图 6-4 所示。

图 6-4 RabbitMQ 下载界面

打开"编辑环境变量"对话框，新建变量 RABBITMQ_SERVER，值为 RabbitMQ 相应路径，如图 6-5 所示。

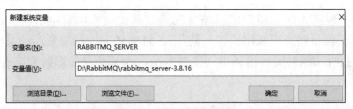

图 6-5 新建系统变量

修改环境变量 Path，增加 RabbitMQ 变量至 Path，值为"%RABBITMQ_SERVER%\sbin"，然后单击"确定"按钮即可。

在 cmd 命令框中输入命令，进入 RabbitMQ 下的 sbin 文件夹内，执行命令 rabbitmqplugins.bat enable rabbitmq_management，结果如图 6-6 所示。

图 6-6　执行结果

在浏览器中访问 localhost：15672，访问 RabbitMQ 服务，如图 6-7 所示。登录账号和密码均为 guest。

图 6-7　RabbitMQ 服务

至此，RabbitMQ 安装完成。

任务 6.2　某公司资产管理系统使用 RabbitMQ 实现消息队列

【任务描述】

在某公司资产管理系统中，采用消息中间件 RabbitMQ 对消息进行管理，实现新增资产领用模块。新增资产部分作为消息的生产者，通过交换器对消息进行分发，将其发送到对应的队列中。领用部分作为消息的消费者，从队列中取出消息，完成资产的领用。

【技术分析】

Spring Boot 提供了很完整的消息整合配置。某公司资产管理系统通过整合消息中间RabbitMQ 件来实现新增资产领用模块，使用 3 种模式完成新增资产消息的发送，并采用RabbitMQ 中的监听功能对资产消息进行实时监听，保证消息的即时和准确。

【支撑知识】

1. RabbitMQ 简介

AMQP 是应用层协议的一个开放标准，为面向消息的中间件设计。消息中间件主要用于组件之间的解耦，消息生产者无须知道消息消费者的存在，消息消费者无须知道消息生产者的存在。AMQP 的主要特征是面向消息、面向队列、面向路由（包括点对点和发布/

订阅）、可靠且安全。

RabbitMQ 是一个开源的 AMQP 实现，服务器用 Erlang 语言编写，支持多种客户端，如 Python、Ruby、.NET、Java、JMS、C、PHP、ActionScript、XMPP、STOMP 等，支持 AJAX，用于在分布式系统中存储转发消息，在易用性、扩展性、高可用性等方面表现较好。

在所有的消息服务中，消息中间件都会作为第三方消息代理，接收消息生产者发布的消息，并将其推送给消息消费者。在 RabbitMQ 中包含 3 个模块，分别为生产者、代理服务器及消息消费者。

消息发布者向 RabbitMQ 指定的代理服务器发送消息，代理服务器内部的交换器接收消息，并将消息传递并存储到与之绑定的消息队列中。消息消费者通过网络与代理服务器建立连接，同时为了简化开支，在连接的内部使用多路复用的信道进行消息的最终消费。

2. RabbitMQ 的运行机制

消息中间件 RabbitMQ 是通过接收消息、将消息传送给交换器、交换器再根据路由键把消息传送到相应的队列中来运行的。针对不同的服务需求，RabbitMQ 提供了多种工作模式，不同的工作模式是通过不同类型的交换器来实现的。

慕课 6-2

Rabbit MQ 运行机制及使用 Spring Boot 整合 RabbitMQ

（1）Work Queues（工作队列模式）

在该工作模式中，不需要设置交换器，RabbitMQ 会使用内部默认交换器进行消息转换，需要指定唯一的消息队列，并且可以有多个消息消费者。在这种工作模式下，多个消息消费者通过轮询的方式依次接收消息队列中存储的消息，一旦消息被某个消息消费者接收，消息队列会将消息移除，接收并处理消息的消息消费者必须在消费完一条消息后再准备接收下一条消息。

（2）Publish/Subscribe（发布订阅模式）

在该工作模式中，必须先配置一个"fanout"类型的交换器，不需要指定对应的路由键，交换器会将消息路由到每一个消息队列上，每一个消息队列都可以对相同的消息进行接收和存储，进而由各自消息队列关联的消息消费者进行消费。

（3）Routing（路由模式）

在该工作模式中，必须先配置一个"direct"类型的交换器，并指定不同的路由键，将对应的消息从交换器路由到不同的消息队列进行存储，由消息消费者进行各自消费。

（4）Topics（通配符模式）

在该工作模式中，必须先配置一个"topic"类型的交换器，并指定不同的路由键，将对应的消息从交换器路由到不同的消息队列进行存储，由消息消费者进行各自消费。Topics 模式与 Routing 模式的主要区别在于：Topics 模式设置的路由键是包含通配符的，其中，"#"匹配多个字符，"*"匹配一个字符，然后与其他字符一起使用。使用"."进行连接，组成动态路由键，在发送消息时可以根据需求设置不同的路由键，从而将消息路由到不同的消息队列。

另外的 RPC 模式和 Headers 模式在此不进行详细介绍。

3. RabbitMQ 在 Spring Boot 中的整合实现

使用 Spring Boot 整合消息中间件 RabbitMQ 实现消息服务，主要围绕 3 个部分的工作展开：配置消息中间件、消息生产者发送消息、消息消费者接收消息。

（1）配置 RabbitMQ

这里以本地部署为例对 RabbitMQ 的整合进行描述。在配置 RabbitMQ 之前，应先把 RabbitMQ 安装在本地计算机上，具体的安装方法在任务 6.1 中已介绍。安装成功后，在浏览器中访问 localhost:15672，就可以打开 RabbitMQ 的登录界面（登录用户名和密码默认为 guest）。

图 6-8 中包括两部分，分别对应交换器及队列，本单元以此图为逻辑路线对 RabbitMQ 中的 Publish/Subscribe、Routing 及 Topics 这 3 种工作模式进行详细描述，同时介绍不同的工作模式中发挥作用的交换器。

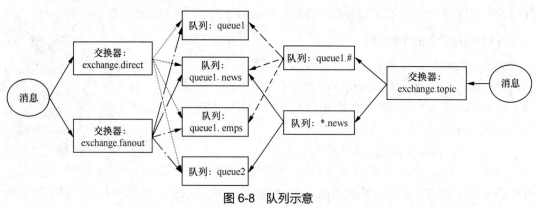

图 6-8　队列示意

在 Routing 模式中，发挥作用的交换器为 direct 交换器。设置属性 Name 为 "exchange.direct"，Type 为 "direct"，Durability 为 "Durable"，表示在 RabbitMQ 重启之后，当前的交换器还在，如图 6-9 所示。

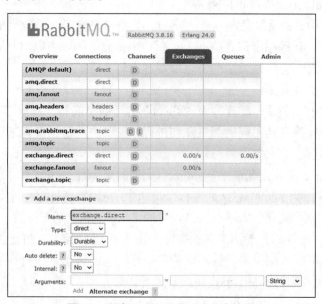

图 6-9　添加 exchange.direct 交换器

设置好了之后，单击 "Add" 后将跳转到图 6-10 所示的界面。

图 6-10　添加成功

其余两个交换器的添加方式相同，不同之处在于 exchange.fanout 交换器的 Type 为
"fanout"，　exchange.topic 交换器的 Type 为 "topic"。

3 个交换器添加完成之后，在 RabbitMQ 中显示图 6-11 所示的界面。

图 6-11　交换器添加完毕

经过以上步骤完成了交换器的添加，接下来对消息队列进行添加。在 Routing 模式中，
总共有 4 个消息队列，先添加 queue1 队列，具体添加方式如图 6-12 所示。

图 6-12　添加 queue1 队列

用相同的方法添加其余 3 个队列，分别命名为 queue1.emps、queue1.news 及 queue2。4 个队列添加完成后，在 RabbitMQ 中显示图 6-13 所示的界面。

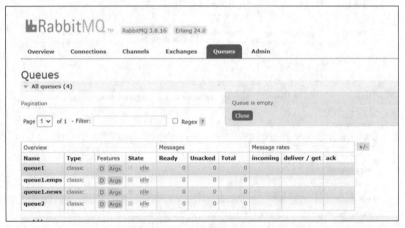

图 6-13　添加队列

通过以上步骤，完成了交换器和队列的添加。但是要想让其发挥作用，需要让交换器和对应的队列绑定。

首先对 exchange.direct 交换器进行队列绑定，如图 6-14 所示。

然后使 exchange.direct 交换器绑定 queue1 这个队列，并设置路由键为 queue1。单击 "Bind" 按钮，出现图 6-15 所示的界面。

采用相同步骤使 exchange.direct 交换器分别绑定其余的 3 个队列。对不同的队列设置不同的路由键，结果如图 6-16 所示。

图 6-14 绑定队列 1

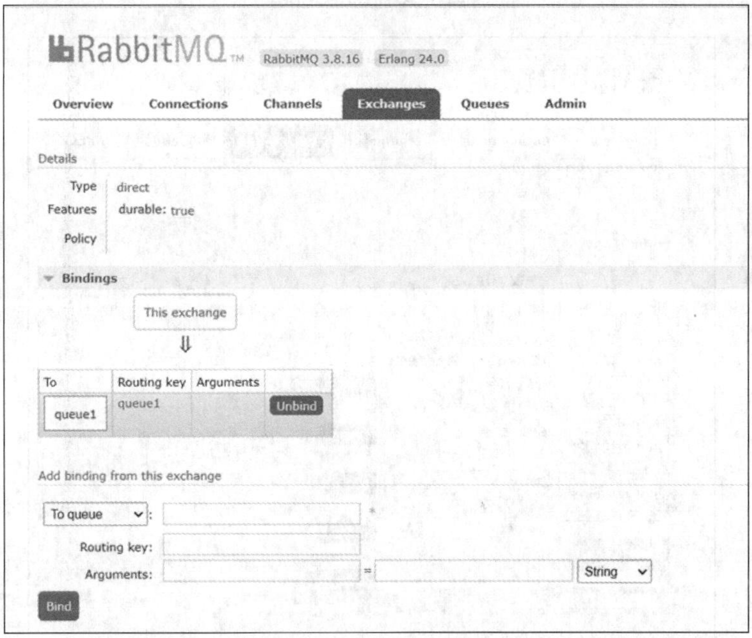

图 6-15 绑定队列 2

至此，完成了对 exchange.direct 交换器的队列绑定。exchange.fanout 交换器采用相同的方式对 4 个队列进行绑定。

按照顺序，接下来要对 exchange.topic 交换器进行队列绑定，具体的绑定过程同上，绑定结果如图 6-17 所示。

图 6-16　绑定完成

图 6-17　队列绑定

通过以上步骤，完成了对交换器和队列的添加及绑定。接下来，通过一个项目示例来实现在 Spring Boot 中整合 RabbitMQ。

【示例6-1】 创建一个amqp-test项目，在项目中完成对RabbitMQ的整合，对Routing模式进行测试，基本步骤如下。

① 创建一个 amqp-test 项目，完成项目创建后，开始配置 RabbitMQ。项目目录如图 6-18 所示。

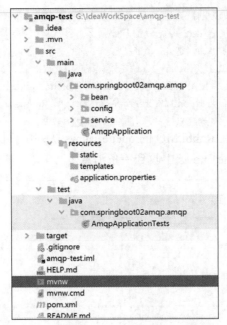

图 6-18　项目目录

② 在 amqp-test 项目中找到 application.properties 配置文件并配置 RabbitMQ 服务器所在的 IP 地址、账号及密码。

```
//配置 RabbitMQ 服务器所在的 IP 地址、账号及密码
spring.rabbitmq.host=localhost
spring.rabbitmq.username=guest
spring.rabbitmq.password=guest
```

③ 对 RabbitMQ 中的 Routing 模式进行测试，包含发送消息部分和接收消息部分。发送消息部分的详细代码如下。

```
package com.springboot02amqp.amqp;
import com.springboot02amqp.amqp.bean.Book;
import org.junit.jupiter.api.Test;
import org.springframework.amqp.rabbit.core.RabbitTemplate;
import org.springframework.beans.factory.annotation.Autowired;
import org.springframework.boot.test.context.SpringBootTest;
import java.util.Arrays;
import java.util.HashMap;
import java.util.Map;
@SpringBootTest
class AmqpApplicationTests {
    @Autowired
    RabbitTemplate rabbitTemplate;
    /*
    *Routing 模式
    */
    @Test
    void contextLoads() {
```

```
//Object 默认当成消息体，只需要传入要发送的对象，其就会被自动序列化发送给 RabbitMQ
    Map<String,Object> map=new HashMap<>();
    map.put("msg","这是第一个消息");
    map.put("data", Arrays.asList("helloworld",123,true));
//对象被默认序列化发送出去,使用 direct 类型的交换器(exchange.direct),路由键为//queue1.news
rabbitTemplate.convertAndSend("exchange.direct","queue1.news",map);
    }
```

上述代码执行完后，在 RabbitMQ 的 queue1.news 队列中，找到消息内容，执行结果如图 6-19 所示，显示在 queue1.news 中收到一条消息。

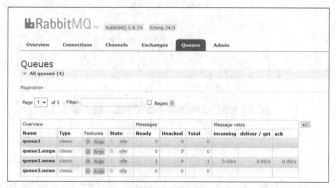

图 6-19　执行结果

在 AmqpApplicationTests 测试类中，编写接收消息部分的代码，具体如下。

```
//接收消息
@Test
public void receive()
{
    Object o=rabbitTemplate.receiveAndConvert("queue2.news");
    System.out.println(o.getClass());
    System.out.println(o);
}
```

执行测试方法，执行结果如图 6-20 所示，接收到了 queue1.news 队列中的消息并输出。

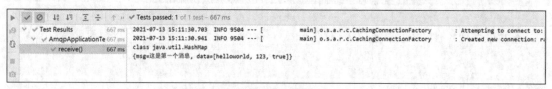

图 6-20　执行结果

通过上述示例，完成了采用 Routing 模式进行的消息发送和接收，展示出基于路由键的消息队列如何发挥作用。

（2）Publish/Subscribe 模式

在 Publish/Subscribe 模式中，不需要指定路由键，它采用广播的形式来对所有的交换器进行消息发送。

【示例 6-2】在 amqp-test 项目中，完成对 RabbitMQ 的整合，对 Publish/Subscribe

模式进行测试。

在 AmqpApplicationTests 测试类中，添加测试方法 sendMsg，代码如下。

```
/*
广播：发给 fanout 类型的交换器即可
*/
@Test
public void sendMsg()
{
    rabbitTemplate.convertAndSend("exchange.fanout","","这是广播的一条消息");
}
```

在上述代码中，通过指定一个 fanout 类型的交换器，向这个交换器发送消息，与这个交换器绑定的所有队列都会收到消息。代码执行后的结果如图 6-21 所示。

在图 6-21 中，所有的绑定队列都收到了一条消息。消息内容就是代码中的"这是广播的一条消息"。测试在 Publish/Subscribe 模式中是否可以输出接收到的消息，可以看到在 queue1.news 队列中的消息内容如图 6-22 所示。

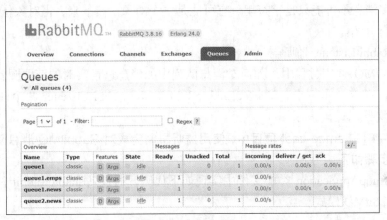

图 6-21　执行结果

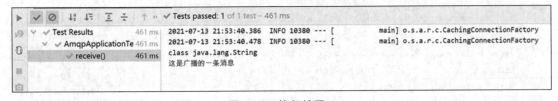

图 6-22　执行结果

（3）Topics 模式

在 Topics 模式下，通过向 topic 类型的交换器发送消息，根据消息中的路由键进行规则匹配，符合匹配规则的队列就会接收到消息。

【示例 6-3】在 amqp-test 项目中，完成对 RabbitMQ 消息队列的整合，对 Topics 模式进行测试。

修改 AmqpApplicationTests 测试类中的方法 sendMsg，代码如下。

```
@Test
public void sendMsg()
```

```
{
    /*
广播：发给 topic 类型的交换器即可。方法中包含 3 个参数：交换器、路由键、消息内容
    */
    rabbitTemplate.convertAndSend("exchange.topic","1.news","这是一条采用 Topics
模式发送的消息，只有路由键以"news"结尾的队列才会收到");
}
```

执行测试方法 sendMsg 后，执行 receive 方法，显示收到了这条消息，执行结果如图 6-23 所示。

图 6-23　执行结果

通过上述 3 个示例，将字符串作为消息内容，对 3 种工作模式进行了介绍。但在实际使用时，很多消息不可能只是字符串，有可能是一个对象。接下来，将对象作为发送内容，对监听器进行介绍。

（4）@RabbitListener 监听器

在 RabbitMQ 使用过程中，如何对消息队列中的消息进行实时的获取呢？这需要通过监听来实现。在整个示例中，通过@EnableRabbit 和@RabbitListener 两个注解来实现对消息队列的监听。

【示例 6-4】在 amqp-test 项目中，使用监听机制完成对 RabbitMQ 消息队列中消息的实时获取，步骤如下。

① 在 AmqpApplication 类的文件中实现如下代码，通过@EnableRabbit 注解来开启基于注解的 RabbitMQ 模式。

```
package com.springboot02amqp.amqp;
import org.springframework.amqp.rabbit.annotation.EnableRabbit;
import org.springframework.boot.SpringApplication;
import org.springframework.boot.autoconfigure.SpringBootApplication;
import org.springframework.context.annotation.Bean;
@EnableRabbit //开启基于注解的 RabbitMQ 模式
@SpringBootApplication
public class AmqpApplication {
    public static void main(String[] args) {
        SpringApplication.run(AmqpApplication.class, args);
    }
}
```

② 定义实体类。本示例以自定义类 Book 的对象为消息内容，所以需要定义一个自定义类 Book，代码如下。

```
package com.springboot02amqp.amqp.bean;
public class Book {
    private String bookname;
    private String author;
```

```
        //省略构造方法和相应属性的 setter 和 getter 方法
    }
```

③ 在 AmqpApplicationTests 测试类的 contextLoads 方法中，可以发送 Book 对象，通过 exchange.direct 交换器，采用 Routing 模式发送 Book 对象到 queue2.news 队列中，实现代码如下。

```
@Test
void contextLoads() {
    rabbitTemplate.convertAndSend("exchange.direct","queue2.news",new  Book("Java
程序设计","Java 教研室"));
}
```

④ 新建一个 BookService 类，在该类中完成监听器的设置，代码如下。

```
import com.springboot02amqp.amqp.bean.Book;
import org.springframework.amqp.rabbit.annotation.RabbitListener;
import org.springframework.stereotype.Service;
@Service
public class BookService {
    @RabbitListener(queues = "queue2.news")//监听 queue2.news 队列
    //接收 Book 对象的消息
    public void receive(Book book)
    {
        System.out.println("收到消息："+book);
    }
}
```

运行程序。先把 AmqpApplication 类的文件运行起来，使监听器处于监听状态。之后，运行 contextLoads 方法，发送一个 Book 对象。此时，会在控制台输出监听到的内容，并在对应的队列中清除相应记录。

（5）AmqpAdmin 管理组件

在 Spring Boot 中整合 RabbitMQ 时，还可以通过 AmqpAdmin 组件来创建交换器和队列及绑定交换器和队列，实现代码如下。

```
package com.springboot02amqp.amqp;
import com.rabbitmq.client.AMQP;
import com.springboot02amqp.amqp.bean.Book;
import org.junit.jupiter.api.Test;
import org.springframework.amqp.core.AmqpAdmin;
import org.springframework.amqp.core.Binding;
import org.springframework.amqp.core.DirectExchange;
import org.springframework.amqp.core.Queue;
import org.springframework.amqp.rabbit.core.RabbitTemplate;
import org.springframework.beans.factory.annotation.Autowired;
import org.springframework.boot.test.context.SpringBootTest;
import java.util.Arrays;
import java.util.HashMap;
import java.util.Map;
```

```
@SpringBootTest
class AmqpApplicationTests {
    @Autowired
    RabbitTemplate rabbitTemplate;
    @Autowired
    AmqpAdmin amqpadmin;//创建一个 AmqpAdmin 对象 amqpadmin
    @Test
    public void create()
    {
        //使用 amqpadmin 创建一个 direct 类型的交换器
        amqpadmin.declareExchange(new DirectExchange("amqpadmin.exchange"));
        //使用 amqpadmin 创建一个队列，包含两个参数（名字及是否持久化）
        amqpadmin.declareQueue(new Queue("amqpadmin.queue",true));
        //使用 amqpadmin 绑定队列和交换器
        amqpadmin.declareBinding(new Binding("amqpadmin.queue",
Binding.DestinationType.QUEUE,
            "amqpadmin.exchange","test.amqpadmin",null));
    }
```

在上述代码中，先使用 AmqpAdmin 组件创建一个交换器，再创建一个队列，最后将队列和交换器进行绑定。

【任务实现】

在某公司资产管理系统中，新增资产模块主要通过 2 个文件实现资产新增的消息队列管理。其中，定义的 TopicRabbitMQConfig.java 文件主要负责给指定的队列发送消息；TopicReceiver.java 文件用于自动接收来自队列的消息。同时，业务代码中资产领用会自动往队列中插入一条领用记录。

慕课 6-3

任务 6.2 分析与实现

实现 TopicRabbitMQConfig.java 文件的代码如下。

```
package com.cg.test.am.configuration;
import org.springframework.amqp.core.Binding;
import org.springframework.amqp.core.BindingBuilder;
import org.springframework.amqp.core.Queue;
import org.springframework.amqp.core.TopicExchange;
import org.springframework.amqp.rabbit.connection.ConnectionFactory;
import org.springframework.amqp.rabbit.core.RabbitTemplate;
import org.springframework.amqp.support.converter.Jackson2JsonMessageConverter;
import org.springframework.beans.factory.annotation.Value;
import org.springframework.context.annotation.Bean;
import org.springframework.context.annotation.Configuration;
import org.springframework.messaging.converter.MappingJackson2MessageConverter;
import
org.springframework.messaging.handler.annotation.support.DefaultMessageHandlerMethodFactory;
/**
 * RabbitMQ 配置类
 */
@Configuration
```

```java
public class TopicRabbitMQConfig {
    @Value("${rabbitmq.queue}")
    private String queue;
    @Value("${rabbitmq.exchange}")
    private String exchange;
    @Value("${rabbitmq.routingKey}")
    private String routingKey;
    @Bean
    public TopicExchange getExchangeName() {
        return new TopicExchange(exchange);
    }
    @Bean
    public Queue getQueueName() {
        return new Queue(queue);
    }
    //将 queue 和 TopicExchange 绑定，而且绑定的路由键为 routingKey
    //这样只要消息携带的路由键是 routingKey，就会被分发到该队列 queue
    @Bean
    public Binding declareBinding() {
        return BindingBuilder.bind(getQueueName()).to(getExchangeName())
                .with(routingKey);
    }
    @Bean
    public Jackson2JsonMessageConverter getMessageConverter() {
        return new Jackson2JsonMessageConverter();

    }
    @Bean
    public RabbitTemplate rabbitTemplate(final ConnectionFactory factory) {
        final RabbitTemplate rabbitTemplate = new RabbitTemplate(factory);
        rabbitTemplate.setMessageConverter(getMessageConverter());
        return rabbitTemplate;
    }
    @Bean
    public MappingJackson2MessageConverter consumerJackson2MessageConverter() {
        return new MappingJackson2MessageConverter();
    }
    @Bean
    public DefaultMessageHandlerMethodFactory messageHandlerMethodFactory() {
        DefaultMessageHandlerMethodFactory factory = new
DefaultMessageHandlerMethodFactory();
        factory.setMessageConverter(consumerJackson2MessageConverter());
        return factory;
    }
    public String getRoutingKey() {
        return routingKey;
    }
```

```
    public String getQueue() {
        return queue;
    }
    public String getExchange() {
        return exchange;
    }
}
```

实现 TopicReceiver.java 文件的代码如下。

```java
package com.cg.test.am.configuration;

import org.slf4j.Logger;
import org.slf4j.LoggerFactory;
import org.springframework.amqp.rabbit.annotation.RabbitHandler;
import org.springframework.amqp.rabbit.annotation.RabbitListener;
import org.springframework.stereotype.Component;
@Component
@RabbitListener(queues = "test02")
public class TopicReceiver {
    private static final Logger log = LoggerFactory.getLogger(TopicReceiver.class);
    @RabbitHandler
    public void handleMessage(String message) {
        // 此处接收了，队列中的消息就被消费了，就不存在了
        log.info("test02 队列接收到的消息是:{}", message);
        //System.out.println("test02 队列接收到的消息是: " + message);
        // 如果有业务可以在此处处理
    }
}
```

拓展实践

实践任务	某公司资产管理系统中新增资产领用的消息队列
任务描述	在某公司资产管理系统中，采用消息中间件 RabbitMQ 对消息进行管理，实现新增资产领用模块。新增资产部分作为消息生产者，通过交换器对消息进行分发，并将其发送到对应的消息队列中。领用部分作为消息消费者，从队列中取出消息，完成资产的领用
主要思路及步骤	1. 实现配置文件 TopicRabbitMQConfig.java，用于给指定的队列发送消息； 2. 实现文件 TopicReceiver.java，用于自动接收来自队列的消息
任务总结	

单元小结

本单元主要对消息中间件进行介绍，详细描述了在 Spring Boot 项目中如何整合并使用 RabbitMQ，通过实现消息发送（生产）、通过交换器完成消息转发及消息接收（消费）对消息队列的完整过程进行了详细介绍，并通过实现某公司资产管理系统中的新增资产领用模块展示了 RabbitMQ 消息中间件在实际项目中如何发挥作用。

单元习题

一、单选题

1. 下列不属于 Spring Boot 的常用消息中间件的是（　　　）。

A. ActiveMQ

B. RabbitMQ

C. RocketMQ

D. Redis

2. 在 RabbitMQ 的 4 种工作模式中，（　　　）模式不需要设置路由键。

A. Work Queues

B. Publish/Subscribe

C. Routing

D. Topics

3. 下列不属于 RabbitMQ 的交换器类型的是（　　　）。

A. fanout 类型

B. direct 类型

C. topic 类型

D. hbase 类型

二、填空题

1. 在 RabbitMQ 中通过＿＿＿＿＿＿＿＿来创建交换器、队列及进行队列的绑定。

2. 在 RabbitMQ 中通过使用注解＿＿＿＿＿＿＿＿和＿＿＿＿＿＿＿＿来开启监听功能。

单元 7　Spring Boot 安全机制

在实际开发中，系统通常要考虑安全性问题。例如，对于一些重要的操作，有些请求需要用户验证身份后才可以执行，还有一些请求需要用户具有特定权限才可以执行。这样做不仅可以保护项目安全，还可以控制项目访问效果。本单元围绕某公司资产管理系统的登录认证和权限管理，介绍 Spring Boot 的安全管理相关知识。

知识目标

★ 熟悉 JWT 的认证流程和结构
★ 了解 JWT 和 Shiro 的相关知识
★ 熟悉 Shiro 的功能模块及核心组件
★ 了解 JJWT 的相关知识

能力目标

★ 能够熟练使用 Spring Boot 整合 JJWT 实现登录认证
★ 能够熟练使用 Spring Boot 整合 Shiro 实现登录认证
★ 能够熟练使用 Spring Boot 整合 Shiro 实现授权

素养拓展

构建安全的
Web 项目

任务 7.1　某公司资产管理系统的登录认证

【任务描述】

一般来说，Web 应用的安全性包括用户认证（authentication）和用户授权（authorization）两个部分（本任务主要应用用户认证部分）。用户认证指的是验证某个用户是否为系统中的合法主体，也就是验证某个用户能否访问该系统。用户认证一般要求用户提供用户名和密码，系统通过校验用户名和密码来完成认证过程。本任务主要实现某公司资产管理系统中的登录认证功能。

【技术分析】

随着时代的发展，前后端分离成了现在开发的一种趋势，用户认证的方式也发生了一系列的变化。传统的 Cookie、Session 验证方式存在跨域和扩展性的限制，Token 验证方式成了一个很好的替代方式，而 JWT（JSON Web Token）是一个不错的选择。某公司资产管理系统是一个前后端分离的项目，用户可以通过整合 JJWT（Java JSON Wed Token）库实现资产管理系统中的登录认证功能。

【支撑知识】

1. 什么是 JWT

JWT 是一个开发标准，用于在各方之间以 JSON 对象安全地传输信息，在数据传输过程中还可以完成数据加密、签名等相关处理，读者可以登录其官网查看相关介绍。

慕课 7-1

JWT 简介

使用 JWT 可实现如下两个功能。

（1）授权

授权是使用 JWT 可实现的常见功能。一旦用户登录，每个后续请求均将包括 JWT，从而允许用户访问该 JWT 允许的路由、服务和资源。单点登录是当今使用 JWT 可以实现的一项广泛功能，因为它的开销很小并且可以在不同的域中轻松使用。

（2）信息交换

使用 JWT 是在各方之间安全地传输信息的好方法，因为可以对 JWT 进行签名，如使用公钥/私钥对，可以确保发件人是所确定的人。此外，由于签名是使用标头和有效负载计算的，因此还可以验证信息内容是否遭到篡改。

2. JWT 认证流程

JWT 认证流程主要有以下几个步骤。

① 用户使用浏览器发送用户名和密码给后端的接口。

② 后端核对用户名和密码成功后，使用密钥生成一个 JWT。后端将 JWT 作为登录成功的返回结果返回给前端，前端可以将返回的结果保存在 localStorage 或 sessionStorage 上，退出登录时删除保存的 JWT 即可。

③ 前端每次请求时都携带 JWT，将其放入 HTTP 标头中的授权位。

④ 后端使用拦截器对请求进行拦截并验证 JWT，如检查签名是否正确、Token 是否过期等。

⑤ 若验证通过则执行业务逻辑，并响应数据给前端，前端对数据进行展示。

⑥ 若验证失败则返回错误消息，前端对错误消息进行展示并跳转到登录界面。

JWT 认证流程如图 7-1 所示。

3. JWT 结构

JWT 由 3 部分组成：标头（Header）、载荷（Payload）和签名（Signature）。其格式为：Header.Payload.Signature。

慕课 7-2

JWT 结构
和 JJWT
库简介

（1）Header

Header 是通过 Base64 编码生成的字符串，通常由两部分组成，即令牌的类型（JWT）和所使用的签名算法，例如 HMAC SHA256 或 RSA。

（2）Payload

Payload 主要包含 claim，claim 是指一些实体（通常指用户）的状态和额外的元数据。claim 有 3 种类型：预定义（Reserved）、公有（Public）和私有（Private）。

① Reserved claim：JWT 预先定义定位 claim，推荐在 JWT 中使用。常用的元素如下。

- iss（issuer）：签发人，说明该 JWT 是由谁签发的。

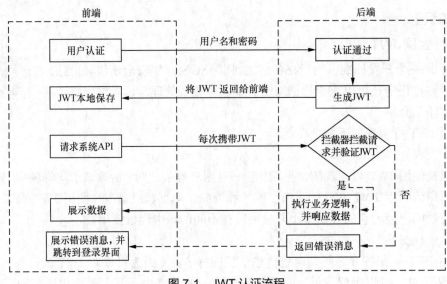

图 7-1   JWT 认证流程

- sub（subject）：主体，说明 JWT 面向的对象或面向的用户。
- aud（audience）：受众，说明接收该 JWT 的用户，即接收方。
- exp（expiration time）：过期时间，说明 JWT 的过期时间。
- nbf（not before）：生效时间，说明在该时间之前 JWT 不能被接收与处理。
- iat（issued at）：签发时间，说明该 JWT 何时被签发。
- jti（JWT ID）：编号，标明 JWT 的唯一 ID。

② Public claim：在使用 JWT 时可以额外自定义的载荷。

③ Private claim：在信息交互的双方之间约定好的，既不是预定义载荷也不是公有载荷的一类载荷，可以用来在双方之间交换信息负载。

（3）Signature

需要使用编码后的 Header、Payload 及密钥，并使用 Header 中指定的签名算法进行签名才能形成 Signature，形成流程如下。

① 将 Header 和 Payload 分别使用 Base64 进行编码，生成编码后的 Header 和 Payload。

② 将编码后的 Header 和 Payload 以 Header.Payload 的格式组合在一起，形成一个字符串。

③ 使用 Header 中的签名算法和后端的密钥对该字符串进行加密，形成一个新的字符串，这个字符串就是 Signature。

4. JJWT 简介

为了便于生成和验证 JWT，可以使用开源的 JJWT。JJWT 旨在成为最容易使用和理解的库，用于在 JVM 和 Android 上创建和验证 JWT。JJWT 是完全基于 Java 实现的，完全基于 JWT、JWS、JWE、JWK 和 JWA RFC 规范及 Apache 2.0 许可条款下的开源库。该库由 Okta 公司的高级架构师莱斯·黑兹尔伍德（Les Hazlewood）创建，由一个贡献者社区支持和维护。该库还添加了一些不属于规范的便利扩展，例如 JWT compression 和 claimenforcement。

5. 使用 Spring Boot 整合 JJWT 实现登录认证

下面通过一个示例来说明如何使用 Spring Boot 整合 JJWT 实现登录认证。

慕课 7-3	慕课 7-4

登录认证的实现上	登录认证的实现下

【示例 7-1】使用 Spring Boot 整合 JJWT 实现登录认证，步骤如下。

① 在数据库 MySQL 中创建用户信息表 t_user，其表结构如表 7-1 所示。

表 7-1　用户信息表结构

字段	类型	是否为空	备注
id	int	否	用户 ID（主键）
name	varchar	否	用户名
pwd	varchar	否	登录密码

创建用户信息表脚本及初始化脚本，代码如下。

```sql
-- 创建数据表: t_user
DROP TABLE IF EXISTS t_user;
CREATE TABLE IF NOT EXISTS t_user
(
    id INT PRIMARY KEY COMMENT '用户 ID（主键）',
    name VARCHAR(255) UNIQUE NOT NULL COMMENT '用户名',
    pwd VARCHAR(20) NOT NULL COMMENT '登录密码'
) COMMENT = '用户信息表';
INSERT INTO t_user(id,name,pwd)
VALUE(1,'zhangsan','123');
```

② 创建一个名为 jwtauthenticationtest 的 Spring Boot 项目。

③ 在 pom.xml 文件中引入 JJWT、MyBatis、knife4j 等依赖，代码如下。

```xml
<!--引入 JJWT 依赖-->
<dependency>
    <groupId>io.jsonwebtoken</groupId>
    <artifactId>jjwt</artifactId>
    <version>0.9.1</version>
</dependency>
<!--引入 MyBatis 依赖-->
<dependency>
    <groupId>org.mybatis.spring.boot</groupId>
    <artifactId>mybatis-spring-boot-starter</artifactId>
    <version>2.1.3</version>
</dependency>
<!--引入 Lombok 依赖-->
<dependency>
    <groupId>org.projectlombok</groupId>
    <artifactId>lombok</artifactId>
    <version>1.18.12</version>
</dependency>
```

```
<!--引入 Druid 依赖-->
<dependency>
    <groupId>com.alibaba</groupId>
    <artifactId>druid</artifactId>
    <version>1.1.19</version>
</dependency>
<!--引入 Mysql 依赖-->
<dependency>
    <groupId>mysql</groupId>
    <artifactId>mysql-connector-java</artifactId>
</dependency>
<!--引入 knife4j 依赖-->
<dependency>
    <groupId>com.github.xiaoymin</groupId>
    <artifactId>knife4j-spring-boot-starter</artifactId>
    <version>2.0.3</version>
</dependency>
```

④ 在 application.properties 配置文件中编写数据库连接信息并对 MyBatis 进行配置，代码如下。

```
# 应用名称
spring.application.name=jwtauthenticationtest
# 应用服务 Web 访问端口
server.port=8989
spring.datasource.type=com.alibaba.druid.pool.DruidDataSource
spring.datasource.driver-class-name=com.mysql.cj.jdbc.Driver
spring.datasource.url=jdbc:mysql://localhost:3306/mybatis?
useUnicode=true&characterEncoding=utf8&
nullCatalogMeansCurrent=true&serverTimezone=UTC
spring.datasource.username=root
spring.datasource.password=123
mybatis.type-aliases-package=cn.js.ccit.pojo
mybatis.mapper-locations=classpath:cn/js/ccit/mapper/*.xml
logging.level.com.baizhi.dao=debug
```

⑤ 在 cn.js.ccit.pojo 包中创建实体类 User，代码如下。

```
import lombok.AllArgsConstructor;
import lombok.Data;
import lombok.NoArgsConstructor;
import lombok.experimental.Accessors;
@NoArgsConstructor
@AllArgsConstructor
@Data
@Accessors(chain=true)
public class User {
    private String id;
    private String name;
    private String pwd;
```

```
}
```

⑥ 在 cn.js.ccit.mapper 包中创建 UserMapper 接口，定义一个 login 方法，代码如下。

```
@Mapper
@Repository
public interface UserMapper {
    User login(User user);
}
```

在 resources/cn/js/ccit/mapper 目录下创建 UserMapper.xml 文件，代码如下。

```
<!DOCTYPE mapper
        PUBLIC "-//mybatis.org//DTD Mapper 3.0//EN"
        "http://mybatis.org/dtd/mybatis-3-mapper.dtd">
<mapper namespace="cn.js.ccit.mapper.UserMapper">
<!-- User login(User user);-->
    <select id="login" parameterType="cn.js.ccit.pojo.User"
resultType="cn.js.ccit.pojo.User">
        select * from t_user where name=#{name} and pwd = #{pwd}
    </select>
</mapper>
```

⑦ 在 cn.js.ccit.service 包中创建 UserService 接口及其实现类 UserServiceImpl，代码如下。

```
public interface UserService {
    User login(User user);//登录
}
@Service
@Transactional
public class UserServiceImpl implements UserService {
    @Autowired
    private UserMapper userMapper;
    @Override
    @Transactional(propagation = Propagation.SUPPORTS)
    public User login(User user) {
    //根据接收的用户名和密码查询数据库
    User userDB = userMapper.login(user);
    if(userDB!=null){
        return userDB;
    }
    throw  new RunException("登录失败!");
    }
}
```

⑧ 在 cn.js.ccit.utils 包中创建 JWTUtils 工具类，代码如下。

```
import cn.js.ccit.exception.RunException;
import io.jsonwebtoken.*;
import lombok.extern.slf4j.Slf4j;
import java.util.Date;
import java.util.Map;
import java.util.UUID;
@Slf4j
```

```java
public class JWTUtils {
    // 签名时使用的密钥
    private static final String key = "token16546461";
    /**
     * 生成 Token, 即 Header.PayLoad.Signature
     */
    public static String getToken(Map<String, Object> claims) {
        // JWT 的签发时间
        long nowMillis = System.currentTimeMillis();
        Date now=new Date(nowMillis);
        // 指定签名的时候使用的签名算法
        SignatureAlgorithm signatureAlgotithm = SignatureAlgorithm.HS256;
        //默认设置 7 天过期
        long expMillis=nowMillis+604800000L;
        Date expirationDate=new Date(expMillis);
        String token = Jwts.builder()//创建 JWT Builder
                .setClaims(claims)
                .setId(UUID.randomUUID().toString())//JWT 唯一标识
                .setIssuedAt(now)// 签发时间
                .setExpiration(expirationDate)//过期时间
                .signWith(signatureAlgotithm, key)//设置签名使用的算法和密钥
                .compact();
        return token;
    }
    /**
     * 对 Token 进行解析
     */
    public static Claims parseJwt(String token) throws Exception {
    String msg=null;
    try{
        Claims claims = Jwts.parser()
                .setAllowedClockSkewSeconds(604800)//允许 7 天的偏移
                .setSigningKey(key)//设置签名密钥
                .parseClaimsJws(token).getBody();//设置需要解析的 JWT
        return claims;
    }catch(SignatureException se) {
    msg = "密钥错误";
    log.error(msg, se);
    throw new RunException(msg);
    }catch (MalformedJwtException me) {
    msg = "密钥算法或者密钥转换错误";
    log.error(msg, me);
    throw new RunException(msg);
    }catch (MissingClaimException mce) {
    msg = "密钥缺少校验数据";
    log.error(msg, mce);
    throw new RunException(msg);
```

```
        }catch (ExpiredJwtException mce) {
    msg = "密钥已过期";
    log.error(msg, mce);
    throw new RunException(msg);
        }catch (JwtException jwte) {
    msg = "密钥解析错误";
    log.error(msg, jwte);
    throw new RunException(msg);
        } }}
```

⑨ 在 cn.js.ccit.controller 包中创建 Controller 类, 实现用户登录并测试 Token 解析功能, 代码如下。

```
    @Api(tags = "登录")
    @RestController
    @Slf4j
    public class UserController {
@Autowired
private UserService userService;
@ApiOperation(value = "登录接口")
@GetMapping("/user/login")
public Map<String, Object> login(User user) {
    log.info("用户名: [{}]", user.getName());
    log.info("密码: [{}]", user.getPwd());
    Map<String, Object> map = new HashMap<>();
    try {
        User userDB = userService.login(user);
        Map<String, Object> payload = new HashMap<>();
        payload.put("id", userDB.getId());
        payload.put("name", userDB.getName());
        //生成 JWT 的 Token
        String token = JWTUtils.getToken(payload);
        map.put("state", true);
        map.put("msg", "登录成功");
        map.put("token", token);//响应 Token
    } catch (Exception e) {
        map.put("state", false);
        map.put("msg", e.getMessage());
    }
    return map;
}
@ApiOperation(value = "测试接口")
@PostMapping("/user/test")
public Map<String, Object> test(HttpServletRequest request) throws Exception {
    Map<String, Object> map = new HashMap<>();
    String token = request.getHeader("token");
    try {
        Claims claims = JWTUtils.parseJwt(token);
```

```
        log.info("用户 id: [{}]", claims.get("id"));
        log.info("用户 name: [{}]", claims.get("name"));
        map.put("state", true);
        map.put("msg", "请求成功!");
    } catch (RunException e) {
        map.put("state", false);
        map.put("msg", e.getMessage());
    }
    //处理自己的业务逻辑
    return map;
}
}
```

⑩ 使用 knife4j 进行在线测试，在 cn.js.ccit.config 包中创建 SwaggerConfiguration 类，完成相关配置，代码如下。

```
@Configuration
@EnableSwagger2
@Enableknife4j
@Import(BeanValidatorPluginsConfiguration.class)
public class SwaggerConfiguration {
    @Bean
    public Docket createRestApi() {
        return new Docket(DocumentationType.SWAGGER_2)
                .apiInfo(apiInfo())
                .select()
                .apis(RequestHandlerSelectors.
                 basePackage("cn.js.ccit.controller"))
                .paths(PathSelectors.any())
                .build();
    }
    private ApiInfo apiInfo() {
        return new ApiInfoBuilder()
                .title("JWT 登录认证")
                .description("JWT 登录认证 API")
                .termsOfServiceUrl("http://localhost:8989/")
                .version("1.0")
                .build();
    }
}
```

在浏览器中访问 http://localhost:8989/doc.html，进行登录测试，输入错误的密码 "456"，其运行结果如图 7-2 所示，没有生成 Token，提示登录失败。

若输入正确的密码 "123"，其运行结果如图 7-3 所示，登录成功，且生成了 Token。

若携带过期的 Token 进行测试接口的测试，其结果如图 7-4 所示，提示密钥已过期。

若携带上面登录成功生成的 Token 进行测试接口的测试，其结果如图 7-5 所示，提示请求成功。

图 7-2　登录失败

图 7-3　登录成功

图 7-4　密钥已过期

图 7-5　请求成功

若按照上面的测试方法进行测试，系统需要在每个方法中对 Token 进行验证，这会导致代码冗余。那么有没有更好的方法呢？可以使用拦截器进行优化。

在 cn.js.ccit.interceptors 包中创建拦截器 JWTInterceptor，代码如下。

```
import cn.js.ccit.exception.RunException;
import cn.js.ccit.utils.JWTUtils;
import com.fasterxml.jackson.databind.ObjectMapper;
import io.jsonwebtoken.*;
import org.springframework.web.servlet.HandlerInterceptor;
import javax.servlet.http.HttpServletRequest;
import javax.servlet.http.HttpServletResponse;
import java.util.HashMap;
import java.util.Map;

public class JWTInterceptor implements HandlerInterceptor {
    @Override
    public booleans preHandle(HttpServletRequest request, HttpServletResponse
response, Object handler) throws Exception {
        Map<String, Object> map = new HashMap<>();
        //获取请求头中的 Token
        String token = request.getHeader("token");
        try {
            Claims claims = JWTUtils.parseJwt(token);
            return true;//放行请求
        } catch (RunException e) {
            e.printStackTrace();
            map.put("msg",e.getMessage());
        }
        map.put("state",false);//设置状态
        //将map 转换为json  jackson
        String json = new ObjectMapper().
                          writeValueAsString(map);
                                response.setContentType(
                          "application/json;charset=UTF-8");
                                response.getWriter().println(json);
                                return false;

        }
}
```

在 cn.js.ccit.config 包中创建拦截器的配置类 InterceptorConfig，代码如下。

```
import cn.js.ccit.interceptors.JWTInterceptor;
import org.springframework.context.annotation.Configuration;
import org.springframework.web.servlet.config.annotation.
InterceptorRegistry;
import org.springframework.web.servlet.config.annotation.
WebMvcConfigurer;
@Configuration
public class InterceptorConfig implements WebMvcConfigurer {
    @Override
    public void addInterceptors(InterceptorRegistry registry) {
        registry.addInterceptor(new JWTInterceptor())
//其他接口进行 Token 验证
```

```
                    .addPathPatterns("/user/test")
//不进行 Token 验证
                    .excludePathPatterns("/user/login");
    }
}
```

【课堂实践】请使用拦截器对示例 7-1 中的代码进行优化，并使用 knife4j
进行测试。

慕课 7-5

任务 7.1 分
析与实现

【任务实现】

① 创建 JwtUtil 工具类，使用该类实现创建及解析 Token，代码如下。

```java
public class JwtUtil {
    /**
     * 用户登录成功后生成的 JWT
     * @param ttlMillis: 过期时间，单位为毫秒
     * @param sysUser: 登录后的用户对象
     * @param fillArgs: 补充字段
     * @return
     */
    public static String createJwt(long ttlMillis, SysUser sysUser, String fillArgs) {
            // 指定签名的时候使用的签名算法
        SignatureAlgorithm signatureAlgotithm = SignatureAlgorithm.HS256;
        // 生成 JWT 的时间
        long nowMillis = System.currentTimeMillis();
        Date now = new Date(nowMillis);
        // 创建 Payload 私有声明
        Map<String, Object> claims = new HashMap<String, Object>();
        claims.put("id", sysUser.getId());
        claims.put("name", sysUser.getUsername());
        claims.put("departmentId", sysUser.getDepartmentId());
        claims.put("fillArgs", fillArgs);
        // 生成签名时使用的密钥
        String key = "token16546461";
        // 生成签发人
        String subject = sysUser.getUsername();
        JwtBuilder builder = Jwts.builder()
                .setClaims(claims)//私有声明
                .setId(UUID.randomUUID().toString())//JWT 唯一标识
                .setIssuedAt(now)//签发时间
                .setSubject(subject)//签发主体，拥有此 JWT 的所有人
                .signWith(signatureAlgotithm, key);
        // 默认设置 7 天过期
        long expMillis = ttlMillis > 0 ? nowMillis + ttlMillis : nowMillis +
604800000L;
        Date exp = new Date(expMillis);
        // 设置过期时间
        builder.setExpiration(exp);
```

```
                return builder.compact();
        }

        /**
         * Token 解密
         * @param token：加密后的 Token
         * @return
         * @throws ChorBizException
         */
        public static Claims parseJwt(String token) throws ChorBizException {
            try {
                if(StringUtils.isEmpty(token)) {
                    throw new ChorBizException(AmErrorCode.LOG_EXPIRED);
                }
                // 签名密钥，必须和生成该 Token 的签名密钥一致
                String key = "token16546461";
                Claims claims = Jwts.parser()
                        .setAllowedClockSkewSeconds(604800) // 允许 7 天的偏移
                        .setSigningKey(key) // 设置签名密钥
                        .parseClaimsJws(token).getBody(); // 设置需要解析的 JWT
                return claims;
            } catch (ChorBizException e) {
                System.out.println(" Token expired ");
                throw e;
            } catch (ExpiredJwtException e) {
                throw new ChorBizException(AmErrorCode.LOG_EXPIRED);
            }
        }
}
```

② 在数据库 MySQL 中创建系统用户表 sys_user，其创建脚本如下。

```
CREATE TABLE 'sys_user' (
  'id' int(0) NOT NULL AUTO_INCREMENT,
  'department_id' int(0) NULL DEFAULT NULL COMMENT '部门 id',
  'nickname' varchar(100) CHARACTER SET utf8mb4 COLLATE utf8mb4_general_ci NULL
DEFAULT NULL COMMENT '用户昵称',
  'username' varchar(100) CHARACTER SET utf8mb4 COLLATE utf8mb4_general_ci NULL
DEFAULT NULL COMMENT '用户名',
  'tel' varchar(11) CHARACTER SET utf8mb4 COLLATE utf8mb4_general_ci NULL DEFAULT
NULL COMMENT '手机号',
  'icon' varchar(200) CHARACTER SET utf8mb4 COLLATE utf8mb4_general_ci NULL DEFAULT
NULL COMMENT '头像',
  'password' varchar(255) CHARACTER SET utf8mb4 COLLATE utf8mb4_general_ci NULL
DEFAULT NULL COMMENT '密码',
  'salt' varchar(255) CHARACTER SET utf8mb4 COLLATE utf8mb4_general_ci NULL DEFAULT
NULL COMMENT '加密的盐',
  'post_id' varchar(100) CHARACTER SET utf8mb4 COLLATE utf8mb4_general_ci NULL
```

```
DEFAULT NULL COMMENT '任职岗位',
  'superior_post_id' varchar(100) CHARACTER SET utf8mb4 COLLATE utf8mb4_general_ci
NULL DEFAULT NULL COMMENT '上级岗位: 0->无',
  'create_time' bigint(0) NULL DEFAULT NULL COMMENT '创建时间',
  'create_by' varchar(255) CHARACTER SET utf8mb4 COLLATE utf8mb4_general_ci NULL
DEFAULT NULL,
  'update_time' bigint(0) NULL DEFAULT NULL COMMENT '更新时间',
  'update_by' varchar(20) CHARACTER SET utf8mb4 COLLATE utf8mb4_general_ci NULL
DEFAULT NULL COMMENT '更新人',
  'openid' varchar(60) CHARACTER SET utf8mb4 COLLATE utf8mb4_general_ci NULL DEFAULT
NULL COMMENT '小程序openid',
  'del_flag' int(0) NULL DEFAULT 0 COMMENT '是否删除: 0->正常; -1->删除',
  PRIMARY KEY ('id') USING BTREE
) ENGINE = InnoDB AUTO_INCREMENT = 42 CHARACTER SET = utf8mb4 COLLATE =
utf8mb4_general_ci COMMENT = '系统用户表' ROW_FORMAT = Dynamic;
```

③ 创建用户实体类，具体代码如下。

```
@Data
@TableName(value = "sys_user")
public class SysUser implements Serializable {
    private static final long serialVersionUID = -1334674745788014205L;
    @TableId(type = IdType.AUTO)
    private Integer id;
    private Long departmentId;
    private String nickname;
    private String username;
    private String tel;
    private String postId;
    private String superiorPostId;
    private String icon;
    private String password;
    private String salt;
    private Long createTime;
    private String createBy;
    private Long updateTime;
    private String updateBy;
    private Integer delFlag;
    private String openid;
    @TableField(exist = false)
    private List<Long> roleIds;
    @TableField(exist = false)
    private String departName;
}
```

④ 创建用户服务层接口及其实现类，实现用户登录校验及生成 Token 功能。
创建用户服务层接口 SysUserService 的代码如下。

```
public interface SysUserService {
    /**
```

```
     * 登录校验
     *
     * @param user
     * @return
     */
    LoginResp apiLogin(SysUserReq user);
}
```

创建 SysUserService 接口的实现类，代码如下。

```
@Service
public class SysUserServiceImpl1 implements SysUserService {
    @Resource
    SysUserMapper sysUserMapper;
@Resource
SysDepartmentMapper sysDepartmentMapper;
@Transactional(rollbackFor = Exception.class)
@Override
public LoginResp apiLogin(SysUserReq user) {
    try {
        // 1.判断用户名和密码
        SysUser userInfo = sysUserMapper.selectOne(new
            QueryWrapper<SysUser>()
            .eq("del_flag", ParamsConstant.DEL_FLAG_DEFAULT)
            .and(query-> query.eq("username", user.getCertificate())
            .or().eq("tel",user.getCertificate()))));
         if (null == userInfo) {
            throw new ChorBizException(AmErrorCode.LOGIN_ERROR);
         }
        String loginPassword = MD5Util.encode(user.getPassword() +
             userInfo.getSalt(),"UTF-8");
        if (!loginPassword.equals(userInfo.getPassword() ))
            throw newChorBizException(AmErrorCode.LOGIN_ERROR);
        }
        LoginResp res = new LoginResp();
        SysDepartment sysDepartment =
            sysDepartmentMapper.selectById(userInfo.getDepartmentId());
        if (null != sysDepartment) {
            res.setDepartmentName(sysDepartment.getName());
        }
        res.setDepartmentId(userInfo.getDepartmentId().intValue());
        //2.根据自己所属部门查询下级所有部门
        List<String> resList = new ArrayList<>();
        List<SysDepartment> list = sysDepartmentMapper.selectList(new
             QueryWrapper<SysDepartment>()
            .eq("del_flag",ParamsConstant.DEL_FLAG_DEFAULT));
        resList = DepartmentUtils.getChildList(userInfo.getDepartmentId(),
             list, resList);
        resList.add(userInfo.getDepartmentId() + "");
```

```
            String departmentIds = String.join(",", resList);
            res.setDepartmentIds(departmentIds);
            CopyUtils.copyProperties(userInfo, res);
            //3.生成 Token
            String token = JwtUtil.createJwt(8640000L, userInfo, departmentIds);
            res.setToken(token);
            return res;
        } catch (ChorBizException e) {
            throw e;
        } catch (Exception e) {
            throw new ChorBizException(AmErrorCode.SERVER_ERROR);
        }
    }
}
```

⑤ 创建 LoginController 类，具体代码如下。

```
@Api(tags = "登录")
@RestController
@RequestMapping("/login")
public class LoginController {
    @Resource
    SysUserService sysuserService;
    @ApiOperation(value = "登录接口")
    @PostMapping
    public ChorResponse<LoginResp> apiLogin(@RequestBody SysUserReq user) {
        return ChorResponseUtils.success(sysuserService.apiLogin(user));
    }
}
```

⑥ 创建 ApiInterceptor 类，实现对 Token 的验证，具体代码如下。

```
@Component
public class ApiInterceptor extends HandlerInterceptorAdapter {
    @Resource
    SysUserMapper sysUserMapper;
    @Override
    public boolean preHandle(HttpServletRequest request, HttpServletResponse
        response, Object handler) throws Exception {
        try{
        String token = request.getHeader("Authorization");
        Claims claims = JwtUtil.parseJwt(token);
        String userId = String.valueOf(claims.get("id"));
        SysUser user = sysUserMapper.selectOne(
        new QueryWrapper<SysUser>().eq("id", claims.get("id")));
        if(null==user){
        throw new ChorBizException(AmErrorCode.LOG_EXPIRED);
        }else{
        return true;
        }
```

```
        }catch (ChorBizException e) {
        throw e;
        } catch (Exception e) {
        throw new ChorBizException(AmErrorCode.SERVER_ERROR);
        }
        }
        @Override
        public void postHandle(HttpServletRequest request, HttpServletResponse
        response, Object handler, ModelAndView modelAndView) throws Exception {
        }
        @Override
        public void afterCompletion(HttpServletRequest request, HttpServletResponse
        response, Object handler, Exception ex) throws Exception {
        }
        }
```

⑦ 创建 WebMvcConfiguration 类，对拦截器进行配置。该类需实现接口 WebMvcConfigurer，具体代码如下。

```
@Configuration
public class WebMvcConfiguration implements WebMvcConfigurer {
    @Autowired
    private ApiInterceptor apiInterceptor;
    @Override
    public void addInterceptors(InterceptorRegistry registry) {
        registry.addInterceptor(apiInterceptor)
                .addPathPatterns("/**/**")
                .excludePathPatterns("/login/**", "/login",
"/sysAsset/downloadExcel","/sysApplicationRecord/downloadAddTemp")
                .excludePathPatterns("/doc.html","/doc.html/**", "/api-docs-
ext/**", "/swagger-resources", "/swagger-ui.html/**", "/swagger-
resources/configuration/ui/**", "/swagger-resources/configuration/security/**",
"/service-worker.js", "/webjars/**", "/favicon.ico");
    }
}
```

在该项目的 knife4j 在线文档中，通过添加用户接口，添加一个用户 test08，如图 7-6 所示。

图 7-6　添加用户

用户 test08 添加成功。数据库的 sys_user 表添加了 test08 用户，如图 7-7 所示。

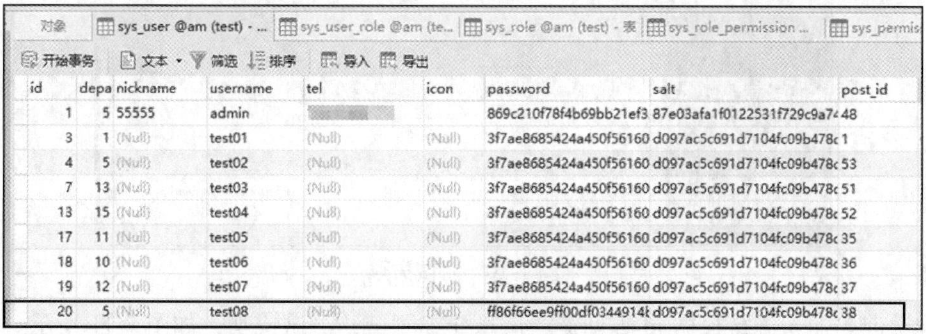

图 7-7　添加用户成功

输入错误的密码，模拟登录失败，由于登录失败，因此没有生成 Token，结果如图 7-8 所示。

图 7-8　登录失败

输入正确的密码，模拟登录成功，返回了 Token，结果如图 7-9 所示。

图 7-9　登录成功

若不携带 Token 进行根据 id 查询资产信息详细测试，测试失败，提示的错误信息如图 7-10 所示。

图 7-10　测试失败

若携带 Token 进行根据 id 查询资产信息详细测试，测试成功，如图 7-11 所示。

图 7-11　测试成功

任务 **7.2** 某公司资产管理系统的权限管理

【任务描述】

通常开发一个系统时，在需求分析阶段就需要考虑系统的用户角色及不同的角色对应的权限。经探讨和分析，某公司资产管理系统的用户最终分为 6 个角色，各角色对应的权限如表 7-2 所示。该系统的集团资产管理员具有所有页面权限，包含增加/删除计量单位的权限。请实现该系统的集团资产管理员对计量单位的权限管理。

表 7-2　某公司资产管理系统用户的角色对应的权限

角色名称	职责	页面权限	功能权限
部门资产管理员	管理本部门的资产	资产申请、资产库存、资产领用、资产归还	新增、撤回、编辑、查看详情
集团资产管理员	管理集团的资产	所有页面权限	资产采购——确认采购；资产库存——导出报表；资产领用——确认领用；资产归还——确认归还；

续表

角色名称	职责	页面权限	功能权限
集团资产管理员	管理集团的资产	所有页面权限	资产核销——新增+确认核销
项目经理	对应项目的资产审批	审批管理（只可审批管理项目的内容）	同意/驳回功能键
部门经理	对应部门的资产审批	可以查看数据统计表，其他部门经理只有对应审批流的审批权限	同意/驳回功能键
分管领导	分管部门的资产审批	审批管理（只可审批管理部门的内容）	同意/驳回功能键
总经理	对应公司的资产审批	审批管理（可审批所有部门的内容）	同意/驳回功能键

【技术分析】

本任务可通过使用 Spring Boot 整合 Shiro 的方式进行实现。但由于某公司资产管理系统是一个前后端分离的项目，且采用 JWT 认证，因此需要新增一个自定义的 Shiro 过滤器来实现登录认证。除了要自定义 Shiro 过滤器，还要在 Shiro 的配置文件中注入该过滤器以达到用自定义 Shiro 过滤器取代原 Shiro 过滤器的目的。

【支撑知识】

1. 什么是 Shiro

慕课 7-6

Shiro 简介

Shiro 是 Apache 旗下的一个开源框架，它将软件系统中与安全认证相关的功能抽取出来，如权限授权、加密、会话管理等功能，实现用户身份认证，组成了一个通用的安全认证框架。利用 Shiro 可以非常容易地开发出足够好的应用，其不仅可以用在 Java SE 环境中，也可以用在 Java EE 环境中。

2. Shiro 功能模块

Shiro 功能模块如图 7-12 所示。

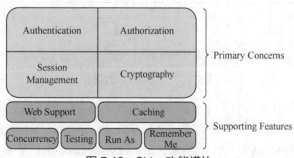

图 7-12　Shiro 功能模块

* Authentication：用户身份认证、登录，验证用户是否拥有相应的身份。
* Authorization：授权，即权限验证，验证某个已认证的用户是否拥有某个权限，即判断用户能否进行相应操作，如验证某个用户是否拥有某个角色，或者细粒度地验证某个用户对某个资源是否具有某个权限。

- Session Management：会话管理，用户登录后就是第一次会话，在没有退出之前，用户的所有信息都在会话中。会话的环境可以是普通的 Java SE 环境，也可以是 Web 环境。

- Cryptography：加密，保证数据的安全性，如将密码加密存储到数据库中，而不是明文存储。

- Web Support：Web 支持，使系统可以非常容易地集成到 Web 环境中。

- Caching：缓存，比如用户登录后，其用户信息，以及拥有的角色、权限不必每次都去查，这样可以提高效率。

- Concurrency：Shiro 支持多线程应用的并发验证，如在一个线程中开启另一个线程，能把权限自动地传播过去。

- Testing：提供测试支持。

- Run As：允许一个用户冒用另一个用户的身份（如果他们允许）进行访问。

- Remember Me：这是非常常见的功能，即一次登录后，之后登录不用输入用户名和密码。

3. Shiro 核心组件

Shiro 核心组件如图 7-13 所示。

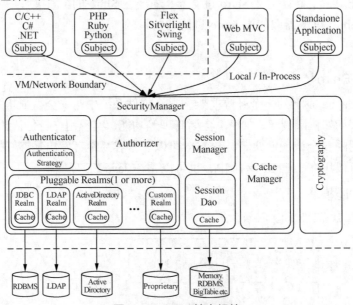

图 7-13　Shiro 核心组件

- Subject：代表当前"用户"。这个用户不一定是具体的人，与当前应用交互的任何东西都是 Subject，如网络爬虫、机器人等，与 Subject 的所有交互都会委托给 SecurityManager。Subject 其实是一个门面，SecurityManager 才是实际的执行者。

- SecurityManager：安全管理器，即所有与安全有关的操作都会与 SecurityManager 交互，并且它管理所有的 Subject。可以看出它是 Shiro 的核心，它负责与 Shiro 的其他组件进行交互，相当于 Spring MVC 的 DispatcherServlet 的角色。

- Pluggable Realms（1or more）：Shiro 从 Realm 中获取安全数据（如用户、角色、权限），也就是说，如果 SecurityManager 要验证用户身份，那么它需要从 Realm 中获取相应的用户进行比较，来确定用户的身份是否合法；也需要从 Realm 中得到用户相应的角色、权限，验证用户的操作是否能够进行。可以把 Realm 看成 DataSource。

- Authenticator：负责 Subject 认证，是一个扩展点，可以自定义实现；可以使用认证策略（authentication strategy），即出现什么情况就可以确定用户认证通过了。
- Authorizer：授权器，即访问控制器，用来决定主体是否有权限进行相应的操作，即控制用户能访问应用中的哪些功能。
- SessionManager：是管理 Session 生命周期的组件，主要负责管理应用中所有 Subject 的会话创建、维护、删除、失效、验证等。
- CacheManager：缓存控制器，用来管理用户、角色、权限等缓存。因为这些数据基本上很少改变，放到缓存后可以提高访问的性能。
- Cryptography：密码模块，Shiro 提供了一些常见的加密组件用于密码加密、解密等。

4. 使用 Spring Boot 整合 Shiro 实现登录认证

登录认证就是判断一个用户是否为合法用户的处理过程。最常用的简单登录认证方式是系统通过核对用户输入的用户名和密码是否与系统中存储的该用户的用户名和密码一致，进而判断用户身份是否合法。

Shiro 中登录认证的关键对象如下。

- Subject：主体。主体可以是用户、程序等，需要进行登录认证的都称为主体。

慕课 7-7

登录认证
实现

- Principal：身份信息。身份信息是主体进行登录认证的标识，标识必须具有唯一性，如用户名、手机号、邮箱地址等。一个主体可以有多个身份，但是必须有一个主身份（Primary Principal）。
- credential：凭证信息。凭证信息是只有主体自己知道的安全信息，如密码、证书等。

【示例 7-2】使用 Spring Boot 整合 Shiro 实现用户管理系统中的登录认证。

此示例以示例 7-1 的用户信息表为例，先在数据库 MySQL 中更改用户信息表结构，添加 perms 字段，最终结构如表 7-3 所示。

表 7-3　用户信息表结构

字段	类型	是否为空	备注
id	int	否	用户 ID（主键）
name	varchar	否	用户名
pwd	varchar	否	登录密码
perms	varchar	否	用户权限

更新用户信息表和添加用户 lisi 的脚本如下，并为用户 zhangsan 添加了 "user:delete" 权限。

```
-- 更新数据表: t_user
ALTER TABLE t_user add COLUMN perms VARCHAR(100) AFTER 'pwd'
INSERT INTO t_user(id,name,pwd,perms)
VALUE(2,'lisi','123','user:add');
```

准备好数据表后，接下来使用 Spring Boot 整合 Shiro 实现登录认证，步骤如下。

① 创建一个名为 shiroauthenticationtest 的 Spring Boot 项目，选中 Web 模块，并在 pom.xml 文件中添加 Thymeleaf、Shiro、MyBatis 等依赖，代码如下。

```xml
<!--Thymeleaf 依赖-->
<dependency>
    <groupId>org.thymeleaf</groupId>
    <artifactId>thymeleaf-spring5</artifactId>
    <version>3.0.11.RELEASE</version>
</dependency>
<!--Shiro 和 Spring 整合依赖-->
<dependency>
    <groupId>org.apache.shiro</groupId>
    <artifactId>shiro-spring</artifactId>
    <version>1.7.1</version>
</dependency>
<!-- MyBatis 依赖-->
<dependency>
    <groupId>org.mybatis.spring.boot</groupId>
    <artifactId>mybatis-spring-boot-starter</artifactId>
    <version>2.1.4</version>
</dependency>
<!-- MySQL 依赖-->
<dependency>
    <groupId>mysql</groupId>
    <artifactId>mysql-connector-java</artifactId>
    <version>8.0.24</version>
    <scope>runtime</scope>
</dependency>
<!-- Log4j 依赖-->
<dependency>
    <groupId>log4j</groupId>
    <artifactId>log4j</artifactId>
    <version>1.2.17</version>
</dependency>
<!-- Druid 依赖-->
<dependency>
    <groupId>com.alibaba</groupId>
    <artifactId>druid</artifactId>
    <version>1.2.5</version>
</dependency>
<!-- Lombok 依赖-->
<dependency>
    <groupId>org.projectlombok</groupId>
    <artifactId>lombok</artifactId>
    <version>1.18.20</version>
    <scope>provided</scope>
```

```
</dependency>
```
② 创建 application.yml 配置文件，在该文件中编写数据库连接信息，代码如下。

```
spring:
 datasource:
 username: root
 password: 123
 url:
 jdbc:mysql://localhost:3306/mybatis?serverTimezone=UTC&useUnicode=true&character
 Encoding=utf-8
 driver-class-name: com.mysql.cj.jdbc.Driver
 type: com.alibaba.druid.pool.DruidDataSource
 druid:
 #Druid 数据源专有配置
   initialSize: 5
   minIdle: 5
   maxActive: 20
   maxWait: 60000
   timeBetweenEvictionRunsMillis: 60000
   minEvictableIdleTimeMillis: 300000
   validationQuery: SELECT 1 FROM DUAL
   testWhileIdle: true
   testOnBorrow: false
   testOnReturn: false
   poolPreparedStatements: true
   filters: stat,wall,log4j
   maxPoolPreparedStatementPerConnectionSize: 20
   useGlobalDataSourceStat: true
   connectionProperties: druid.stat.mergeSql=true;druid.stat.slowSqlMillis=500
```
③ 在 application.properties 配置文件中编写 MyBatis 相关配置，代码如下。

```
mybatis.type-aliases-package=cn.js.ccit.pojo
mybatis.configuration.map-underscore-to-camel-case=true
mybatis.mapper-locations=classpath:mapper/*.xml
```
④ 在 cn.js.ccit.pojo 包中创建实体类 User，代码如下。

```
import lombok.AllArgsConstructor;
import lombok.Data;
import lombok.NoArgsConstructor;
@NoArgsConstructor
@AllArgsConstructor
@Data
public class User {
    private int id;
    private String name;
    private String pwd;
    private  String perms;
}
```
⑤ 在 cn.js.ccit.mapper 包中创建 UserMapper 接口，定义一个按照用户名查找用户的方法，代码如下。

```
@Mapper
@Repository
public interface UserMapper {
    public User findUserByName(String uname);
}
```

在 resources 目录的 mapper 文件夹下创建 Mapper 的配置文件，代码如下。

```xml
<?xml version="1.0" encoding="UTF-8" ?>
<!DOCTYPE mapper
    PUBLIC "-//mybatis.org//DTD Mapper 3.0//EN"
    "http://mybatis.org/dtd/mybatis-3-mapper.dtd">
<mapper namespace="cn.js.ccit.mapper.UserMapper">
  <select id="findUserByName" resultType="User">
select * from t_user where name like #{uname}
</select>
</mapper>
```

⑥ 在 cn.js.ccit.service 包中创建 UserService 接口及其实现类。

创建 UserService 接口，代码如下。

```
public interface UserService {
    public User findUserByName(String uname);
}
```

创建接口的实现类 UserServiceImpl，代码如下。

```
@Service
public class UserServiceImpl implements UserService {
    @Autowired
    UserMapper userMapper;
    @Override
    public User findUserByName(String uname) {
        return userMapper.findUserByName(uname);
    }
}
```

⑦ 在 cn.js.ccit.config 包中创建 UserRealm 类，实现用户登录认证逻辑，代码如下。

```
public class UserRealm extends AuthorizingRealm {
    @Autowired
    UserService service;
    //授权
    @Override
    protected AuthorizationInfo doGetAuthorizationInfo(PrincipalCollection
principalCollection) {
        System.out.println("执行了===>用户授权");
        return null;
    }
    //认证
    @Override
    protected AuthenticationInfo doGetAuthenticationInfo(AuthenticationToken
authenticationToken) throws AuthenticationException {
        System.out.println("执行了===>登录认证");
```

```
        UsernamePasswordToken token = (UsernamePasswordToken)
authenticationToken;
        //连接真实的数据库
        User user = service.findUserByName(token.getUsername());
        if (user==null){//没有该用户
            return null;
        }
        Subject subject = SecurityUtils.getSubject();
        //将登录用户放入 Session 中
        subject.getSession().setAttribute("loginUser",user);
        //密码认证
        return  new SimpleAuthenticationInfo(user,user.getPwd(),"");
    }
}
```

⑧ 在 cn.js.ccit.config 包中创建 ShiroConfig 类（Shiro 配置类），代码如下。

```
@Configuration
public class ShiroConfig {
    //创建 ShiroFilterFactoryBean
    @Bean
    public ShiroFilterFactoryBean getShiroFilterFactoryBean
    (@Qualifier("securityManager") DefaultWebSecurityManager securityManager) {
     ShiroFilterFactoryBean bean = new ShiroFilterFactoryBean();
        //设置安全管理器
     bean.setSecurityManager(securityManager);
     return bean;
}
    //创建 DefaultWebSecurityManager
    @Bean(name = "securityManager")
    public DefaultWebSecurityManager getDefaultWebSecurityManager
    (@Qualifier("userRealm") UserRealm userRealm) {
    DefaultWebSecurityManager securityManager = new
                                    DefaultWebSecurityManager();
        //关联 Realm
        securityManager.setRealm(userRealm);
        return securityManager;
    }
    //创建 Realm 对象
    @Bean
    public UserRealm userRealm() {
        return new UserRealm();
    }
}
```

⑨ 在 resources 目录的 templates 文件夹下创建主页面和登录页面。

创建主页面 index.html，代码如下。

```
<!DOCTYPE html>
<html lang="en" xmlns:th="http://www.thymeleaf.org"
```

```
        xmlns:shiro="http://www.thymeleaf.org/thymeleaf-extras-shiro">
<head>
    <meta charset="UTF-8">
    <title>主页面</title>
    <!-- 引入 Bootstrap 国内 CDN 库-->
    <link    href="https://cdn.bootcss.com/bootstrap/3.3.7/css/bootstrap.min.css"
rel="stylesheet">
</head>
<body>
<div class="container">
    <div class="row">
        <div class="col-md-4 col-md-offset-3">
            <h1>主页面</h1>
        </div>
    </div>
    <div class="row">
        <div class="col-md-4 col-md-offset-3">
            <p th:if="${session.loginUser==null}">
                <a th:href="@{/login}">登录</a>
                </p>
            </div>
        </div>
        <div class="row">
            <div class="col-md-4 col-md-offset-3">
                <p th:if="${session.loginUser!=null}">
                    <a th:href="@{/logout}">注销</a>
                </p>
            </div>
        </div>
    </div>
</body>
</html>
```

以上代码显示，在主页面中追加了判断，若用户已登录，即会话中保存了用户，则页面显示"注销"超链接，否则显示"登录"超链接。

创建登录页面 login.html，代码如下。

```
<!DOCTYPE html>
<html lang="en" xmlns:th="http://www.thymeleaf.org">
<head>
    <meta charset="UTF-8">
    <!--引入 Bootstrap 国内 CDN 库-->
    <link href="https://cdn.bootcss.com/bootstrap/3.3.7/css/bootstrap.min.css"
rel="stylesheet">
    <title>登录</title>
</head>
<body>
<div class="container">
```

```html
    <div class="row">
        <div class="col-md-4 col-md-offset-3">
            <h1>登录页面</h1>
        </div>
    </div>
    <div class="row">
        <div class="col-md-4  col-md-offset-2">
            <p style="color:red;" th:text="${msg}"></p>
        </div>
    </div>
    <form class="form-horizontal" th:action="@{/doLogin}">
        <div class="form-group">
            <label class="col-sm-2 control-label">用户名</label>
<div class="col-sm-4">
    <input type="text" class="form-control" name="username">
</div>
</div>
<div class="form-group">
    <label class="col-sm-2 control-label">密码</label>
    <div class="col-sm-4">
      <input type="password" class="form-control" name="password">
    </div>
</div>
<div class="form-group">
    <div class="col-sm-offset-2 col-sm-10">
        <button type="submit" class="btn btn-default">登录</button>
    </div>
</div>
</div>
</form>
</div>
</body>
</html>
```

⑩ 在 cn.js.ccit.controller 包中创建 MyController 类，实现对主页面和登录页面的访问、登录及注销操作，代码如下。

```java
@Controller
public class MyController {
    @RequestMapping({"/index","/"})
    public String toIndex(Model model){
        model.addAttribute("msg","hello shiro");
        return "index";
    }
    @RequestMapping("/login")
    public String toLogin(){
        return "login";
    }
    @RequestMapping("/doLogin")
```

```
public String doLogin(String username,String password,Model model){
    //封装用户数据
    UsernamePasswordToken token = new
UsernamePasswordToken(username ,password);
    //获取当前用户
    Subject currentUser = SecurityUtils.getSubject();
    //执行登录的方法，只要没有异常就代表登录成功
    try {
        currentUser.login(token);
        return "index";
    } catch (UnknownAccountException uae) {
        model.addAttribute("msg","用户名不存在");
        return "login";
    } catch (IncorrectCredentialsException ice) {
        model.addAttribute("msg","密码错误");
        return "login";
    }
}
@RequestMapping("/logout")
public String logout(){
    Subject currentUser = SecurityUtils.getSubject();
    currentUser.logout();
    return "index";
}}
```

运行程序，访问主页面，如图 7-14 所示，单击"登录"按钮，跳转到登录页面。在登录页面输入用户名"zhangsan"及密码"123"，如图 7-15 所示，单击"登录"按钮，成功跳转到登录成功后的主页面，如图 7-16 所示。

图 7-14　主页面

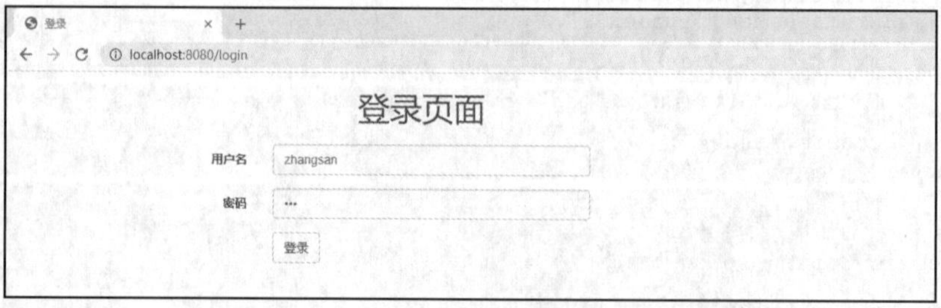

图 7-15　登录页面

图 7-16　登录成功后的主页面

控制台输出了"执行了===>登录认证"，如图 7-17 所示，这说明执行了 UserRealm 类中 doGetAuthenticationInfo 方法的认证逻辑。

图 7-17　控制台运行结果

5. 使用 Spring Boot 整合 Shiro 实现授权

授权，即访问控制，控制谁能访问哪些资源。主体进行身份认证后需要分配权限方可访问系统的资源，如果主体对于某些资源没有权限，则无法访问。

授权可简单理解为 who 对 what（which）进行 how 操作。

- who，即主体，主体需要访问系统中的资源；
- what，即资源，如系统菜单、页面、按钮、类方法等；
- how，即权限/许可，规定了主体对资源的操作许可，权限离开资源就没有意义。如添加用户权限、删除用户权限、某个类方法的调用权限等，通过权限可知主体对哪些资源都有哪些操作许可。

慕课 7-8
授权实现

【示例 7-3】使用 Spring Boot 整合 Shiro 实现用户管理系统中的用户授权操作，步骤如下。

① 创建一个名为 shiroauthorizationtest 的 Spring Boot 项目，将示例 7-2 中的 shiroauthenticationtest 项目的源码复制到该项目中。在 ShiroConfig 类的 getShiroFilterFactoryBean 方法的 ShiroFilterFactoryBean 中添加授权过滤器，并配置一个未授权时跳转的页面，代码如下。

```
//访问拦截
Map<String, String> filterMap = new LinkedHashMap<>();
/*
添加 Shiro 内置过滤器，常用的有如下过滤器。
anon：无须认证就可以访问。
authc：必须认证才可以访问。
user：如果使用了记住我功能就可以直接访问。
```

```
Perms:  拥有某个资源权限才可以访问。
role:  拥有某个角色权限才可以访问
*/
//授权过滤器
filterMap.put("/user/add","perms[user:add]");
filterMap.put("/user/delete",
"perms[user:delete]");
bean.setFilterChainDefinitionMap(filterMap);
bean.setLoginUrl("/login");
//配置未授权时跳转的页面
bean.setUnauthorizedUrl("/noauth");
```

② 在 MyController 类中追加一个 handler，实现未授权页面的跳转，代码如下。

```
@RequestMapping("/noauth")
@ResponseBody()
public String noAuth(){
    return "未经授权不能访问此页面";
}
```

③ 在 UserRealm 类的 doGetAuthorizationInfo 方法中添加授权的逻辑，代码如下。

```
SimpleAuthorizationInfo info = new SimpleAuthorizationInfo();
//获取当前登录的这个对象
Subject subject = SecurityUtils.getSubject();
//获取 user 对象
User currentUser = (User) subject.getPrincipal();
info.addStringPermission(currentUser.getPerms());//设置权限
return info;
```

④ 在 templates 目录下新建一个 user 文件夹，在该文件夹中创建 add.html 和 delete.html 页面，代码如下。

```
<!DOCTYPE html>
<html lang="en">
<head>
    <meta charset="UTF-8">
    <title>添加页面</title>
    <!--引入 Bootstrap 国内 CDN 库-->
    <link href="
https://cdn.bootcss.com/bootstrap/3.3.7/css/bootstrap.min.css" rel="stylesheet">
</head>
<body>
<div class="container">
    <div class="row">
        <div class="col-md-4 col-md-offset-5"><h1>添加</h1>
        </div>
    </div>
</div>
</body>
</html>
```

```
<!DOCTYPE html>
<html lang="en">
<head>
    <meta charset="UTF-8">
    <title>删除页面</title>
    <!--引入 Bootstrap 国内 CDN 库-->
    <link href="
https://cdn.bootcss.com/bootstrap/3.3.7/css/bootstrap.min.css" rel="stylesheet">
</head>
<body>
<div class="container">
    <div class="row">
    <div class="col-md-4 col-md-offset-5"><h1>删除</h1>
    </div>
  </div>
</div>
</body>
</html>
```

⑤ 在 MyController 类中追加 handler，实现添加、删除页面的跳转，代码如下。

```
@RequestMapping("/user/add")
public String toAdd(){
    return "/user/add";
}
@RequestMapping("/user/delete")
public String toUpdate(){
    return "/user/delete";
}
```

⑥ 在 pom.xml 文件中添加 Thymeleaf 和 Shiro 整合所需依赖，代码如下。

```
<!--Thymeleaf 和 Shiro 整合-->
<dependency>
    <groupId>com.github.theborakompanioni</groupId>
    <artifactId>thymeleaf-extras-shiro</artifactId>
    <version>2.0.0</version>
</dependency>
```

⑦ 在 ShiroConfig 类中追加 getShiroDialect 方法，配置 ShiroDialect，用于与 Thymeleaf 和 Shiro 标签配合使用，代码如下。

```
@Bean
public ShiroDialect getShiroDialect(){
    return new ShiroDialect();
}
```

⑧ 在 index.html 中追加"添加"和"删除"超链接，代码如下。

```
<div class="row">
    <div class="col-md-4 col-md-offset-3">
        <div shiro:haspermission="user:add">
            <a th:href="@{/user/add}">添加</a>
```

```
                </div>
            </div>
        </div>
        <div class="row">
            <div class="col-md-4 col-md-offset-3">
                <div shiro:haspermission="user:delete">
                    <a th:href="@{/user/delete}">删除</a>
                </div>
            </div>
        </div>
```

在登录页面使用用户名"zhangsan"进行登录，登录成功后的页面如图 7-18 所示，只有"注销"和"删除"超链接。单击"删除"超链接，会跳转到删除页面，如图 7-19 所示。

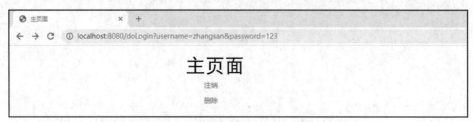

图 7-18　zhangsan 用户登录成功后的页面

图 7-19　删除页面

在登录页面使用用户名"lisi"进行登录，登录成功后的页面如图 7-20 所示，只有"注销"和"添加"超链接。单击"添加"超链接，会跳转到添加页面，如图 7-21 所示。当访问 http://localhost:8080/user/delete 时，由于 lisi 用户没有"user:delete"权限，因此页面跳转到了未授权页面，如图 7-22 所示。

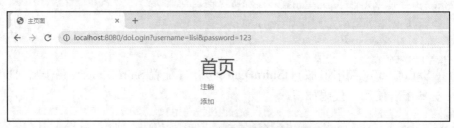

图 7-20　lisi 用户登录成功后的页面

图 7-21　添加页面

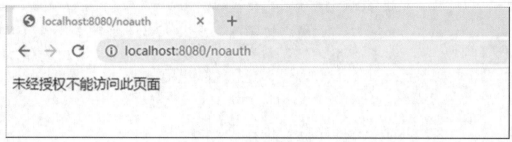

图 7-22 未授权页面

【课堂实践】在示例 7-3 的基础上，添加一个"wangwu"的账号，并为该账号添加查询的权限。

慕课 7-9

任务 7.2 分析与实现

【任务实现】

① 在数据库 MySQL 中创建系统角色表 sys_role 和系统权限表 sys_permission，其创建脚本如下。

```
-- 创建数据表: sys_role
DROP TABLE IF EXISTS 'sys_role';
CREATE TABLE 'sys_role' (
  'id' bigint(0) NOT NULL AUTO_INCREMENT,
  'name' varchar(100) CHARACTER SET utf8mb4 COLLATE utf8mb4_general_ci NULL DEFAULT
NULL COMMENT '角色名',
  'description' varchar(255) CHARACTER SET utf8mb4 COLLATE utf8mb4_general_ci NULL
DEFAULT NULL COMMENT '描述',
 'code' varchar(100) CHARACTER SET utf8mb4 COLLATE utf8mb4_general_ci NULL DEFAULT
NULL COMMENT '角色编号',
  'create_time' bigint(0) NULL DEFAULT NULL COMMENT '创建时间',
  'create_by' varchar(100) CHARACTER SET utf8mb4 COLLATE utf8mb4_general_ci NULL
DEFAULT NULL COMMENT '创建者',
  'update_time' bigint(0) NULL DEFAULT NULL COMMENT '修改时间',
  'update_by' varchar(100) CHARACTER SET utf8mb4 COLLATE utf8mb4_general_ci NULL
DEFAULT NULL COMMENT '修改者',
  'del_flag' int(0) NULL DEFAULT 0 COMMENT '是否删除 0: 正常; -1: 删除',
  PRIMARY KEY ('id') USING BTREE
) ENGINE = InnoDB AUTO_INCREMENT = 16 CHARACTER SET = utf8mb4 COLLATE =
utf8mb4_general_ci COMMENT = '系统角色表' ROW_FORMAT = Dynamic;
-- 创建数据表: sys_permission
DROP TABLE IF EXISTS 'sys_permission';
CREATE TABLE 'sys_permission' (
  'id' bigint(0) NOT NULL AUTO_INCREMENT,
  'pid' bigint(0) NULL DEFAULT NULL,
  'name' varchar(100) CHARACTER SET utf8mb4 COLLATE utf8mb4_general_ci NULL DEFAULT NULL,
  'path' varchar(255) CHARACTER SET utf8mb4 COLLATE utf8mb4_general_ci NULL DEFAULT NULL,
  'icon' varchar(255) CHARACTER SET utf8mb4 COLLATE utf8mb4_general_ci NULL DEFAULT
NULL COMMENT '头图',
  'sort' int(0) NULL DEFAULT NULL,
  'keyword' varchar(60) CHARACTER SET utf8mb4 COLLATE utf8mb4_general_ci NULL DEFAULT
```

```
NULL COMMENT '前端联动使用',
    'permission' varchar(255) CHARACTER SET utf8mb4 COLLATE utf8mb4_general_ci NULL
DEFAULT NULL,
    'type' int(0) NULL DEFAULT 1 COMMENT '1：菜单；2：按钮',
    'status' int(0) NULL DEFAULT 0 COMMENT '0：默认；1：隐藏',
    'create_time' bigint(0) NULL DEFAULT NULL,
    'create_by' bigint(0) NULL DEFAULT NULL,
    'del_flag' int(0) NULL DEFAULT 0 COMMENT '-1：删除；0：正常',
  PRIMARY KEY ('id') USING BTREE
) ENGINE = InnoDB AUTO_INCREMENT = 86 CHARACTER SET = utf8mb4 COLLATE =
utf8mb4_general_ci ROW_FORMAT = Dynamic;
```

② 在 pom.xml 文件中添加 Shiro 依赖，代码如下。

```xml
<!-- Shiro 依赖-->
<dependency>
    <groupId>org.apache.shiro</groupId>
    <artifactId>shiro-spring</artifactId>
    <version>1.7.1</version>
</dependency>
```

③ 创建实体类 SysRole 和 SysPermission，代码如下。

```java
@Data
@TableName(value = "sys_role")
public class SysRole implements Serializable {
    private static final long serialVersionUID = 2927667112610582291L;
    @TableId(type = IdType.AUTO)
    private Long id;
    private String name;
    private String description;
    private Long createTime;
    private String createBy;
    private Long updateTime;
    private String updateBy;
    private Integer delFlag;
    private String code;
    @TableField(exist = false)
    private List<Long> permissionIds;
}
@Data
@TableName(value = "sys_permission")
public class SysPermission implements Serializable {
    private static final long serialVersionUID = -1771727132305873097L;
    @TableId(type = IdType.AUTO)
    private Long id;
    private Long pid;
    private String name;
```

```
    private String path;
    private String icon;
    private Integer sort;
    private String permission;
    private Integer type;
    private Integer status;
    private String keyword;
    private Long createTime;
    private Long createBy;
    private Integer delFlag;
}
```

④ 自定义 Shiro 过滤器 MyShiroFilter，实现登录认证，代码如下。

```
/**
 * 自定义 Shiro 过滤器，实现登录认证
 */
public class MyShiroFilter extends BasicHttpAuthenticationFilter {
    @Override
    protected boolean preHandle(ServletRequest request, ServletResponse response)
throws Exception {
        System.err.println("preHandle");
        return super.preHandle(request, response);
    }
    @Override
    protected boolean isAccessAllowed(ServletRequest request, ServletResponse
response, Object mappedValue) {
        System.err.println("isAccessAllowed");
        return super.isAccessAllowed(request, response, mappedValue);
    }
    @Override
    //返回 true，允许访问；返回 false，拒绝访问
    protected boolean onAccessDenied(ServletRequest request, ServletResponse
response) throws Exception {
        System.err.println("onAccessDenied");
        try {
            if (isLoginAttempt(request,response)){
                return executeLogin(request,response);//标头携带了 Authorization
            }else{
                //如果标头没有携带 Authorization，直接提示
                response.setCharacterEncoding("UTF-8");
                response.setContentType("application/json; charset=utf-8");
                response.getWriter().write("请完成认证，要么登录，要么携带正确的 Token");
                return false;
            }
        }catch (Exception e){
            //捕获使用 JWT 登录的过程中出现的异常，输出错误信息
```

```
                response.setCharacterEncoding("UTF-8");
                response.setContentType("application/json; charset=utf-8");
                response.getWriter().write(e.getMessage());
                return false;
            }
        }
    @Override
    protected boolean isLoginAttempt(ServletRequest request, ServletResponse
response) {
            HttpServletRequest httpServletRequest = (HttpServletRequest) request;
            String token = httpServletRequest.getHeader("Authorization");
            return token != null;
    }
    @Override
    protected boolean sendChallenge(ServletRequest request, ServletResponse
response) {
            System.err.println("sendChallenge");
            return super.sendChallenge(request, response);
    }
    @Override
    protected boolean executeLogin(ServletRequest request, ServletResponse response)
throws Exception {
            HttpServletRequest httpServletRequest = (HttpServletRequest) request;
            String authorization = httpServletRequest.getHeader("Authorization");
            UsernamePasswordToken token = new UsernamePasswordToken(authorization,
authorization);
            getSubject(request,response).login(token);
            return true;
    }
}
```

⑤ 创建 MyShiroFilter 类，该类继承自 BasicHttpAuthenticationFilter 类，代码如下。

```
/**
 * 自定义 Shiro 过滤器，实现登录认证
 */
public class MyShiroFilter extends BasicHttpAuthenticationFilter {

    @Override
    protected boolean preHandle(ServletRequest request, ServletResponse response)
throws Exception {
            System.err.println("preHandle");
            return super.preHandle(request, response);
    }
    @Override
    protected boolean isAccessAllowed(ServletRequest request, ServletResponse
response, Object mappedValue) {
```

```
            System.err.println("isAccessAllowed");
            return super.isAccessAllowed(request, response, mappedValue);
    }
    @Override
    //返回true，允许访问；返回false，拒绝访问
    protected boolean onAccessDenied(ServletRequest request, ServletResponse
response) throws Exception {
            System.err.println("onAccessDenied");
            try {
                if (isLoginAttempt(request,response)){
                    return executeLogin(request,response);//标头携带了Authorization
                }else{
                    //如果标头没有携带Authorization，直接提示
                    response.setCharacterEncoding("UTF-8");
                    response.setContentType("application/json; charset=utf-8");
                    response.getWriter().write("请完成认证，要么登录，要么携带正确的
Token");

                    return false;
                }
            }catch (Exception e){
                //捕获使用JWT登录过程出现的异常，输出错误信息
                response.setCharacterEncoding("UTF-8");
                response.setContentType("application/json; charset=utf-8");
                response.getWriter().write(e.getMessage());
                return false;
            }
    }
    @Override
    protected boolean isLoginAttempt(ServletRequest request, ServletResponse
response) {
            HttpServletRequest httpServletRequest = (HttpServletRequest) request;
            String token = httpServletRequest.getHeader("Authorization");
            return token != null;
    }
    @Override
    protected boolean sendChallenge(ServletRequest request, ServletResponse
response) {
            System.err.println("sendChallenge");
            return super.sendChallenge(request, response);
    }
    @Override
    protected boolean executeLogin(ServletRequest request, ServletResponse response)
throws Exception {
        HttpServletRequest httpServletRequest = (HttpServletRequest) request;
        String authorization=httpServletRequest.getHeader("Authorization");
```

```
        UsernamePasswordToken token = new UsernamePasswordToken(authorization,
authorization);
        getSubject(request,response).login(token);
        return true;
    }
}
```

⑥ 创建 MyShiroRealm 类，该类用于实现认证和授权逻辑，代码如下。

```
public class MyShiroRealm extends AuthorizingRealm {
    @Resource
    private SysUserMapper sysUserMapper;
    @Resource
    private SysRoleMapper sysRoleMapper;
    @Resource
    private SysPermissionMapper sysPermissionMapper;
    /**
    * 权限配置
    * @param principalCollection
    * @return
    */
    @Override
    protected AuthorizationInfo doGetAuthorizationInfo(PrincipalCollection
    principalCollection) {
        //创建 Shiro 授权对象
        SimpleAuthorizationInfo authorization = new SimpleAuthorizationInfo();
        // 通过 authenticationInfo 获取用户信息
        SysUser sysUser = (SysUser) principalCollection.getPrimaryPrincipal();
        //遍历角色与权限
        // 查找用户角色信息
        List<SysRole> roleInfoList = sysRoleMapper.getRoleList(sysUser.getId());
        if (roleInfoList != null && roleInfoList.size() > 0)
        {
            roleInfoList.forEach(role ->
            {
            //添加角色信息
            authorization.addRole(role.getCode());
            //添加权限信息
            List<SysPermission> permissionInfoList =
            sysPermissionMapper.getPermissionList(role.getId());
            if (permissionInfoList != null && permissionInfoList.size() > 0)
            {
                List<String> permissions = permissionInfoList.stream().map(
                SysPermission::getPermission).
                collect(Collectors.toList());
                    authorization.addStringPermissions(
                    permissions);
            }
```

```
                });
            }
            return authorization;
        }
        /**
         * 身份认证，判断用户名和密码是否正确
         * @param authenticationToken
         * @return
         * @throws AuthenticationException
         */
        @Override
        protected AuthenticationInfo doGetAuthenticationInfo(AuthenticationToken
    authenticationToken) throws AuthenticationException {
            //获取用户输入的账号
            String token = (String) authenticationToken.getPrincipal();
            Claims claims = JwtUtil.parseJwt(token);
            Boolean flag = JwtUtil.jwtVerify(claims, null);
            if (!flag) {
                throw new ChorBizException(AmErrorCode.LOG_EXPIRED);
            }
            String userName = String.valueOf(claims.get("name"));
            if (userName == null || userName.length() == 0)
            {
                return null;
            }
            //获取用户信息
            SysUser userInfo = sysUserMapper.selectOne(new QueryWrapper<SysUser>()
            .eq("username", userName));
            if (userInfo == null)
            {
                throw new UnknownAccountException(); //未知账号
            }
            //判断账号是否被锁定，状态为0表示禁用，状态为1表示锁定，状态为2表示启用
            if(userInfo.getDelFlag() != 0)
            {
                throw new DisabledAccountException(); //账号禁用
            }
            //验证。由于登录方法中使用的用户名和密码都是token，
            //因此这里的凭证直接使用token即可
            SimpleAuthenticationInfo authenticationInfo = new SimpleAuthenticationInfo(
            userInfo, //用户名
            token, //密码
            getName() //realm name
            );
            return authenticationInfo;
        }
    }
}
```

⑦ 创建 MyShiroConfig 类（Shiro 配置类），代码如下。

```
@Configuration
public class MyShiroConfig {
    @Bean
    public ShiroFilterFactoryBean shiroFilter(
SecurityManager securityManager)
    {
        // 定义 shiroFilterFactoryBean
        ShiroFilterFactoryBean shiroFilterFactoryBean = new ShiroFilterFactoryBean();
        // 关联 SecurityManager
        shiroFilterFactoryBean.setSecurityManager(securityManager);
        // 注入自定义的过滤器
        Map<String, Filter> filterMap = new HashMap<>();
        filterMap.put("myfilter", new MyShiroFilter());
        shiroFilterFactoryBean.setFilters(filterMap);
        //拦截器
        Map<String, String> filterChainDefinitionMap = new LinkedHashMap<String,
        String>();
        // 配置不需要权限的资源
        filterChainDefinitionMap.put("/static/**", "anon");
        filterChainDefinitionMap.put("/css/**","anon");
        filterChainDefinitionMap.put("/js/**","anon");
        filterChainDefinitionMap.put("/image/**","anon");
        filterChainDefinitionMap.put("/login", "anon");
    //配置退出过滤器，退出代码 Shiro 已经替我们实现
        //filterChainDefinitionMap.put("/logout", "logout");
        //过滤器定义，从上向下顺序执行，/**放在最下边
        //<!—authc：所有 URL 都必须认证通过才可以访问。Anon：所有 URL 都可以匿名访问-->
        // 此处采用自定义的过滤器进行校验
        filterChainDefinitionMap.put("/**", "myfilter");
        // 如果不设置，默认会自动寻找 Web 项目根目录下的 "/login" 页面
        shiroFilterFactoryBean.setLoginUrl("/asset/");
        //未授权页面
        shiroFilterFactoryBean.setUnauthorizedUrl("/403");
        // 将 Map 存入过滤器
        shiroFilterFactoryBean.setFilterChainDefinitionMap(
        filterChainDefinitionMap);
            return shiroFilterFactoryBean;
    }
        @Bean
    public MyShiroRealm myShiroRealm() {
        MyShiroRealm myShiroRealm = new MyShiroRealm();
        return myShiroRealm;
    }
    /**
     * 配置安全管理器 SecurityManager
     * @return
```

```
        */
    @Bean
    public SecurityManager securityManager() {
        DefaultWebSecurityManager securityManager = new
        DefaultWebSecurityManager();
        securityManager.setRealm(myShiroRealm());
        return securityManager;
    }
    @Bean(name = "simpleMappingExceptionResolver")
    public SimpleMappingExceptionResolver createSimpleMappingExceptionResolver()
{
        SimpleMappingExceptionResolver r = new
        SimpleMappingExceptionResolver();
        Properties mappings = new Properties();
        mappings.setProperty("DatabaseException", "databaseError");
        //数据库异常处理
    mappings.setProperty("UnauthorizedException", "403");
    r.setExceptionMappings(mappings);
    r.setDefaultErrorView("error");
    r.setExceptionAttribute("ex");        // 默认值 "exception"
    return r;
    }
    /**
     * 开启 Shiro 的注解（如@RequiresRoles、@RequiresPermissions），需借助 Spring AOP
    扫描使用 Shiro 注解的类，并在必要时进行安全逻辑验证
     * 配置以下两个 Bean——DefaultAdvisorAutoProxyCreator（可选）和
    AuthorizationAttributeSourceAdvisor 即可实现此功能
     */
    @Bean
    public DefaultAdvisorAutoProxyCreator advisorAutoProxyCreator(){
    DefaultAdvisorAutoProxyCreator advisorAutoProxyCreator =
    new DefaultAdvisorAutoProxyCreator();
    advisorAutoProxyCreator.setProxyTargetClass(true);
    return advisorAutoProxyCreator;
    }
@Bean
public AuthorizationAttributeSourceAdvisor authorizationAttributeSourceAdvisor(){
    AuthorizationAttributeSourceAdvisor authorizationAttributeSourceAdvisor =
    new AuthorizationAttributeSourceAdvisor();
    authorizationAttributeSourceAdvisor.setSecurityManager(
    securityManager());
    return authorizationAttributeSourceAdvisor;
}
/**
 * 交由 Spring 来自动管理 Shiro Bean 的生命周期
 */
@Bean
```

```
    public static LifecycleBeanPostProcessor getLifecycleBeanPostProcessor() {
        return new LifecycleBeanPostProcessor();
    }
}
```

⑧ 在 SysUnitController 的添加、删除计量单位的方法中，分别添加@RequiresRoles(value = {"admin"})和@RequiresPermissions(value = {"unit:delete"})注解，代码如下。

```
@Api(tags = "计量单位 API")
@RestController
@RequestMapping("/sysUnit")
public class SysUnitController {
    @Resource
    SysUnitService sysUnitServiceImpl;
    @RequiresRoles(value = {"admin"}) // 测试使用
    @ApiOperation(value = "添加计量单位", notes = "管理端 API")
    @PostMapping("/create")
     public ChorResponse<Void> create(@RequestBody SysUnitReq req) {
        sysUnitServiceImpl.save(req);
        return ChorResponseUtils.success();
    }

    @RequiresPermissions(value = {"unit:delete"})
    @ApiOperation(value = "删除计量单位", notes = "管理端 API")
    @DeleteMapping("/{id}")
    public ChorResponse<Void> remove(@PathVariable  Long id) {
        sysUnitServiceImpl.remove(id);
        return ChorResponseUtils.success();
    }
}
```

在数据库的 sys_role 表中，为集团资产管理员添加代码角色"assetAdmin"，如图 7-23 所示。

id	name	description	code	create_time
4	总经理	所有权限	manager	1596790956844
10	集团资产管理员	拥有所有资产管理员	assetAdmin	1597214634255
11	部门资产管理员	拥有部门资产处理（	depAssetAdmin	1597214634255
12	综合部分管领导	拥有查看集团资产、		1597214634255

图 7-23　sys_role 表

在数据库的 sys_permission 表中，为计量单位的添加、删除操作追加相应的权限，如图 7-24 所示。

运行程序，使用 test08 账户登录系统，添加计量单位失败，其提示如图 7-25 所示，控制台提示如图 7-26 所示。

若使用 test08 账户登录系统并删除计量单位，则显示成功，如图 7-27 和图 7-28 所示。

id	pid	name	path	icon	so	keyword	permission
65	63	领用审批	/index/to-do-get	bar-chart	2	sub1-65	(Null)
66	63	归还审批	/index/to-do-back	bar-chart	3	sub1-66	(Null)
67	63	核销审批	/index/to-do-delete	bar-chart	4	sub1-67	(Null)
68	64	通过	(Null)	(Null)	1	(Null)	(Null)
69	64	驳回	(Null)	(Null)	2	(Null)	(Null)
70	65	通过	(Null)	(Null)	1	(Null)	(Null)
71	65	驳回	(Null)	(Null)	2	(Null)	(Null)
72	66	通过	(Null)	(Null)	1	(Null)	(Null)
73	66	驳回	(Null)	(Null)	2	(Null)	(Null)
74	67	通过	(Null)	(Null)	1	(Null)	(Null)
75	67	驳回	(Null)	(Null)	2	(Null)	(Null)
76	0	统计分析	/index/statistic-analy	bar-chart	1	sub0	(Null)
77	46	确认领用	(Null)	(Null)	4	(Null)	(Null)
78	46	撤回	(Null)	(Null)	5	(Null)	(Null)
79	1	盘点开关	/index/asset-lock	bar-chart	6	sub6-1	(Null)
80	1	计量单位	/index/asset-unit	bar-chart	7	sub7-1	unit
81	80	添加	(Null)	(Null)	1	(Null)	unit:add
82	80	删除	(Null)	(Null)	2	(Null)	unit:delete

图 7-24 sys_permission 表

图 7-25 添加计量单位失败

```
Run:    AssetsManagerApplication
        Console    Endpoints
            Row: 65, 65, 粉碎, null, null, 2, null, 2, 0, null, null, 0
        <==      Total: 57
Closing non transactional SqlSession [org.apache.ibatis.session.defaults.DefaultSqlSession@6fde4411]
2021-06-18 11:00:17.390 [http-nio-8097-exec-5] ERROR c.c.t.a.r.configuration.ChorControllerAdvice 33 - 系统异常:
org.apache.shiro.authz.UnauthorizedException: Subject does not have role [admin]
        at org.apache.shiro.authz.ModularRealmAuthorizer.checkRole(ModularRealmAuthorizer.java:421)
```

图 7-26 控制台提示

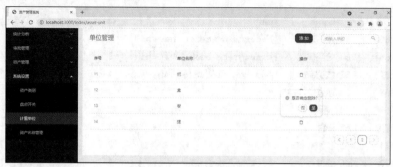

图 7-27　删除计量单位

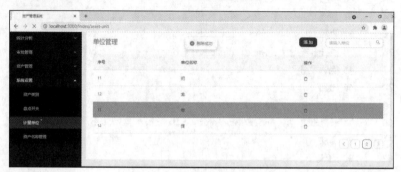

图 7-28　删除计量单位成功

拓展实践

实践任务	某公司资产管理系统的动态授权功能
任务描述	实现某公司资产管理系统中的添加、删除、修改和查询权限的功能
主要思路及步骤	1. 在数据库中创建 5 张表来描述角色、用户、权限的映射关系； 2. 创建角色、用户和权限实体； 3. 编写权限控制层～mapper 层代码，实现添加、删除、修改和查询权限的功能
任务总结	

单元小结

本单元首先介绍了 JWT 的理论知识，并详细介绍了使用 Spring Boot 整合 JJWT 实现登录认证的示例；然后讲解了 Shiro 的基本理论基础，详细介绍了使用 Spring Boot 整合 Shiro 实现登录认证和授权的示例。希望通过本单元的学习，读者能掌握 JWT、Shiro 基本原理，并能够在实际应用开发中，使用 JWT、Shiro 提供的系统安全解决方案。

单元习题

一、单选题

1. 需要使用编码后的 Header、Payload 及密钥，并使用（　　）中指定的签名算法进行签名才能形成 Signature。

A. Header

B. Payload

C. Signature

D. JWT

2. 以下不是 Reserved claim 常用元素的是（　　　）。

A. 签发人
B. 过期时间
C. 载荷
D. 编号

3. JWT 的格式为（　　　）。

A. Header.Signature.Payload
B. Payload.Signature.Header
C. Signature.Payload.Header
D. Header.Payload.Signature

4. 以下不是 Shiro 功能模块的是（　　　）。

A. Authentication
B. Authorization
C. Test As
D. Session Management

5. 以下不是 Shiro 核心组件的是（　　　）。

A. Subject
B. Signature
C. SecurityManager
D. Realm

6. Shiro 从（　　　）中获取安全数据（如用户、角色、权限）。

A. Subject
B. Signature
C. SecurityManager
D. Realm

二、填空题

1. JWT 由＿＿＿＿＿＿＿＿、＿＿＿＿＿＿＿＿＿和＿＿＿＿＿＿＿这 3 部分组成。

2. claim 可分为 3 种类型：预定义（Reserved）、＿＿＿＿＿＿＿＿和＿＿＿＿＿＿＿。

3. Shiro 是＿＿＿＿＿＿＿旗下的一个开源框架。

4. 授权，即＿＿＿＿＿＿＿＿，验证某个已认证的用户是否拥有某个权限，即判断用户能否进行相应操作。

单元 ⑧ Spring Boot 任务管理

在日常项目开发中，经常会遇到一些要在指定时间执行的需求，或在指定间隔时间里重复执行的需求，如在每天凌晨分析前一天的日志信息，这时就需要使用定时任务。在一些场景中，可能需要给用户发送一些验证信息，如发送邮箱验证码、群发促销活动等，这些都离不开邮件的支持。本单元基于某公司资产管理系统的资产归还模块，讲解与 Spring Boot 的任务处理相关的内容，包括异步任务、定时任务、邮件服务，以及整合 Quartz 实现定时任务处理。

知识目标

★ 熟悉 Spring Boot 的异步任务相关知识
★ 掌握 Spring Boot 的定时任务相关知识
★ 熟悉 Spring Boot 的邮件服务相关知识
★ 掌握 Quartz 的相关知识

能力目标

★ 能够使用 Spring Boot 的定时任务在指定时间内处理相关任务
★ 能整合 Quartz 处理定时任务
★ 能使用邮件服务定时发送邮件

任务 8.1 某公司资产管理系统的资产归还超时提醒

【任务描述】

资产领用后需要在规定时间内归还，在某公司资产管理系统的资产归还管理中，公司会在每周固定时间对用户领用的资产进行轮询，若发现用户到预定归还时间还未归还，或者发现用户在规定资产领用时间（如 30 天）到了还未归还，则会通过消息发送或邮件发送进行提醒。

【技术分析】

定时任务是一种很常见的应用场景，可以设置每隔一段时间或在精确到秒的准确时间去自动执行方法。定时任务最早使用 Java 自带的 java.util.Timer 类和 TimerTask 类来实现，java.util.Timer 类用来执行任务，接收一个 TimerTask 参数；或者使用 Spring 提供的注解 @Schedule，如果定时任务执行时间较短，并且比较单一，可以使用这个注解来实现；还可以使用开源的第三方框架 Quartz，可以根据需要对定时任务进行多实例部署，该方式多用于分布式场景下的定时任务。

使用注解实现定时任务的方式，简单、方便，主要使用@EnableScheduling 注解和@Scheduled 注解。而 Quartz 则提供了丰富的任务调度功能，可以制定周期性运行的任务调度方案。

【支撑知识】

任务可以看作是在类中实现了某一具体功能的方法，Spring Boot 中常见的任务主要有定时任务、异步任务、邮件发送。本任务主要介绍定时任务。

慕课 8-1
定时任务

1. 定时任务

定时任务在实际的开发中特别常见，如电商平台 30 min 后自动取消未支付的订单，以及凌晨的数据汇总和备份等，都需要借助定时任务来实现。Spring Boot 中的定时任务沿用了 Spring 的基于注解的定时任务处理，主要使用@EnableScheduling 注解和@ Scheduled 注解。@EnableScheduling 注解一般配置在启动类中，用于开启定时功能；@Scheduled 注解用于配置具体某个任务的执行时间点，表示任务在什么时候执行。

定时任务是自动触发的，无须手动干预，即 Spring Boot 启动后会自动加载并执行定时任务。定时任务的执行时机主要由@Scheduled 注解设置，@Scheduled 注解中一定要声明定时任务的执行策略，在 cron 、fixedDelay、fixedRate 属性中选一个，下面主要介绍这些常用属性。

（1）cron 属性

cron 属性接收一个 cron 表达式，cron 表达式是一个字符串，字符串以 5 个空格隔开 6 个域，每一个域代表一个含义。cron 表达式格式为 "Seconds Minutes Hours DayofMonth Month DayofWeek"，其含义、取值范围及可用通配符如表 8-1 所示。

表 8-1 cron 表达式的含义、取值范围及可用通配符

序号	含义	取值范围	可用通配符
1	Seconds（秒）	0～59	,、-、*、/
2	Minutes（分）	0～59	,、-、*、/
3	Hours（时）	0～23	,、-、*、/
4	DayofMonth（日）	1～31	,、-、*、/、?、L、W
5	Month（月）	0～11 或 JAN～DEC	,、-、*、/
6	DayofWeek（周）	1～7（1 表示周日）或 SUN～SAT	,、-、*、/、?、L、#

cron 表达式中可用的通配符有*、? 、-,、/、L、W、#，表示的含义如下。

● ＊：表示所有值，如在分字段上设置*，表示每分钟都会触发对应操作。

● ？：表示不指定值，如要在每月的 1 号触发一个操作，但不关心是周几，只需要在周字段上设置? 可表示为 "0 0 0 1 * ?"。

● - ：表示区间，如要在 10 点、11 点、12 点都触发对应操作，则可在时字段上设置 "10-12"。

- ,：表示指定多个值，如要在 10 点、11 点、12 点都触发对应操作，则可在时字段上设置 "10,11,12"。

- /：表示递增触发，格式为 x/y（x 是开始值，y 是步长），如要每隔 5s 触发一次操作，则在秒字段上设置 "0/5"；如要从每月 1 号开始，每隔 3 天触发一次操作，则在月字段上设置 "1/3"。

- L：表示最后的意思，如要表示月份的最后一天，则在日字段上设置 "L"。在 L 前可以加上数字，表示该数据是最后一个，如要表示本月最后一个周五，则在周字段上设置 "6L"。

- W：表示离指定日期最近的那个工作日（周一至周五），如要在每月 5 号后最近的工作日触发，则在日字段上设置 "5W"。如果 5 号是周六，则将在最近的工作日周五，即 4 号触发；如果 5 号是周日，则在 6 号（周一）触发；如果 5 号为周一到周五中的一天，则在 5 号当天触发。注意，W 的最近寻找不会跨过月份。

- #：表示每月的第几个周几，如在周字段上设置 "6#3"，表示每月的第三个周六。

注意：

表示月（JAN~DEC）或周（SUN~SAT）时，不区分大小写。

为便于理解 cron 表达式，表 8-2 给出了常见 cron 表达式及其含义。

表 8-2　常见 cron 表达式

cron 表达式	含义
*/5 * * * * ?	每隔 5s
0 0 10,14,16 * * ?	每天上午 10 点，下午 2 点和 4 点
0 0/30 9-17 * * ?	每天 9 点~17 点，每隔 30min
0 0 12 * * ?	每天中午 12 点
0 0/5 12 * * ?	每天 12 点到 12:55 期间的每 5min
0 0 1 ? * L	每周日凌晨 1 点
0 0 12 L * ?	每月最后一天的 12 点
0 0 1 1 * ?	每月 1 号凌晨 1 点

cron 表达式可以使用占位符，即在配置文件中通过 cron 表达式的配置，在定时任务中获取值。配置文件的代码如下。

```
#配置 cron 表达式
time:
  cron: 0/5 * * * * *
```

配置文件 application.yml 中配置了 time.cron 变量，在定时任务中，读取该变量的值进行设置，代码如下。

```
//读取配置文件中的 cron 表达式值
@Scheduled(cron="${time.cron}")
public void timerTask(){
    System.out.println("读取配置文件中的 cron 表达式值："+LocalDateTime.now());
```

```
}
```

还可通过在线生成 cron 表达式的工具来生成用户想要的表达式。

（2）fixedDelay 和 fixedDelayString 属性

fixedDelay 属性表示上一次执行完毕之后多长时间再执行。它的间隔时间是从上一次任务执行结束的时间开始计时的，只要盯紧上一次任务执行结束的时间即可，与任务逻辑的执行时间无关，两个轮次的间隔距离是固定的。

fixedDelayString 属性与 fixedDelay 属性意思相同，唯一不同的是其使用字符串的形式，支持占位符。如要在上一次任务执行 5s 后再执行该任务，则对应的代码为。

```
@Scheduled(fixedDelay = 5000)或@Scheduled(fixedDelayString = "5000")
```

（3）fixedRate 和 fixedRateString 属性

fixedRate 属性表示自上一次开始执行任务之后多长时间再执行该任务，以毫秒为单位。下一次开始和上一次开始之间的时间间隔是一定的。默认情况下，Spring Boot 定时任务是单线程执行的，当下一轮的任务满足时间策略后任务就会加入队列，即当本次任务开始执行时下一次任务的时间就已经确定，若本次任务"超时"执行，下一次任务的等待时间就会被压缩甚至阻塞。

FixedRateString 属性与 fixedRate 属性一样，只是形式不同，如要在上一次任务开始执行 5s 后再执行该任务，可以使用下面的方式设置。

```
@Scheduled(fixedRate=5000) 或@Scheduled(fixedRateString="5000")
```

（4）initialDelay 和 initialDelayString 属性

initialDelay 属性表示初始化延迟时间，也就是第一次延迟执行的时间。InitialDelayString 属性与 initialDelay 属性类似，同样使用字符串的形式，支持占位符。

如@Scheduled(initialDelay=5000,fixedDelay = 1000)表示第一次任务延迟 5000ms 执行，之后按 fixedDelay 属性的规则，每秒执行一次任务。

> **注意：**
>
> initialDelay 属性对 cron 表达式无效，只能配合 fixedDelay 属性或 fixedRate 属性使用。

熟悉了@Scheduled 注解的相关属性配置后，就可以根据实际需求设置定时任务的执行时机。

【示例 8-1】实现基于注解的单线程定时任务，基本步骤如下。

① 开启定时任务。

定时任务的开启只需要在主启动类加上@EnableScheduling 注解即可。

② 定义定时任务类。

定义执行定时任务的类，代码如下。

慕课 8-2

单线程定时
任务实现

```
//定义执行定时任务的类
@Service
public class TimerService {
    //每隔 5s 输出信息
    @Scheduled(cron = "0/5 * * * * 0-7")
    public void hello() {
        System.out.println("hello……" + LocalDateTime.now());
```

```
        }
    }
```

TimerService 类是定时任务类，在该类上使用@Service 注解表示定义的是一个组件，在该类的方法上使用@Scheduled 注解表示定义的是需要定时执行的任务，此任务每隔 5s 执行一次，具体的业务逻辑描述写在方法内，定时器的任务方法不能有返回值。

显然，使用@Scheduled 注解很方便，但当调整了执行周期的时候，需要重启应用才能生效。为了达到实时生效的效果，可以使用接口来完成定时任务。

注意：

基于@Scheduled 注解的任务默认为单线程执行，开启多个任务时，任务的执行时间会受上一个任务执行时间的影响，若要开启多线程执行，可以通过开启异步任务来处理。

【**课堂实践**】定义一个定时任务，在每个月最后一天的晚上 6 点，模拟对数据库进行备份操作。

2. Quartz

（1）Quartz 简介

Quartz 是 OpenSymphony 开源组织在 Job scheduling 领域的又一个开源项目，完全用 Java 开发，它是一个功能丰富、开放源码的作业调度框架，可以用于 J2SE 和 J2EE 应用程序，从最小的独立应用程序到规模最大的电子商务系统都可以使用 Quartz。Quartz 可以创建简单或复杂的日程，安排执行几十、几百甚至上万的作业，作业被定义为标准的 Java 组件，可以通过编程让它们执行几乎任何程序。

慕课 8-3

Quartz 基础

Quartz 具有强大的调度功能，包括许多企业级功能，如 JTA 事务和集群支持；很容易与 Spring 集成，实现灵活可配置的调度功能；提供了调度运行环境的持久化机制，可以保存并恢复调度现场，即使系统因故障关闭，任务调度现场数据也不会丢失；具有灵活的应用方式，允许开发者灵活地定义触发器的调度时间表并可以为触发器和任务进行关联映射。

Quartz 作为一个任务调度框架，其工作过程可以这样理解，给它一个触发条件，到达触发时间 Quartz 就触发执行相应的组件。简单来讲，它就是一个定时器，帮用户设置在某一有规律的时间点做想做的事。

以购买火车票为例，当用户下单后，后台就会插入一条待支付的任务，时间一般是 30min，超过 30 min 后就会执行这个任务，去判断用户是否支付，未支付就会取消此次订单；当用户完成支付后，后台拿到支付回调后就会再插入一条待消费的任务，任务触发日期为火车票上的出发日期，超过这个时间就会执行这个任务，判断是否使用火车票等。

Quartz 有 3 个核心要素，即任务（Job）、触发器（Trigger）、调度器（Scheduler），它们之间的关系可以理解如下。

首先要有一个定时执行的任务，描述具体的业务逻辑，如定时发送邮件的任务、重启机器的任务、优惠券到期发送短信提醒的任务等。

然后需要一个触发任务去执行的触发器，触发器最基本的功能是指定任务的执行时间、执行间隔、运行次数等。

最后通过调度器将任务和触发器结合起来，即指定触发器去执行指定的任务。调度器是整个框架的心脏和灵魂。

Quartz 的重要组件包括 Job、JobDetail、Trigger、Scheduler 及辅助性的 JobDataMap 和 SchedulerContext。

在 Spring Boot 中使用 Quartz 时，需要导入 Quartz 的依赖，代码如下。

```xml
<!--Spring Boot 集成 Quartz-->
<dependency>
    <groupId>org.springframework.boot</groupId>
    <artifactId>spring-boot-starter-quartz</artifactId>
</dependency>
```

（2）Quartz 的常用类和其接口

Quartz 在 org.quartz 包中通过接口和类对核心要素进行描述。

① Job。

慕课 8-4

Quartz 常用
接口和类

Job 是 Quartz 的任务，其接口比较简单，是完成业务逻辑的任务组件需要实现的接口，其中只有一个方法，即 execute(JobExecutionContext context)，开发者通过该接口定义任务，在这个方法中编写业务逻辑。该方法的参数是 JobExecutionContext，包含 Quartz 运行时的环境及 Job 本身的详细数据信息。

如要实现一个简单输出任务，定义 PrintJob 类，实现 Job 接口，在 execute 方法中输出当前时间，代码如下。

```java
/**
 * 定义 PrintJob 类，实现 Job 接口
 */
public class PrintJob implements Job {
    //执行工作代码，编写具体的业务逻辑
    @Override
    public void execute(JobExecutionContext context) throws JobExecutionException {
    //输出当前的执行时间，格式为 2021-01-01 00:00:00
        Date date = new Date();
        SimpleDateFormat sf = new SimpleDateFormat("yyyy-MM-dd HH:mm:ss");
        System.out.println("当前的时间为: " + sf.format(date));
        System.out.println("Hello PrintJob!");
    }
}
```

这里定义了一个实现 Job 接口的类，这个类仅仅表明该 Job 实例需要完成什么类型的任务，Quartz 还需要知道该 Job 实例所包含的属性，这由 JobDetail 类来完成，该类用于描述 Job 及相关静态信息，如 Job 的名字、描述、关联监听器等信息。因此，JobDetail 就是用来绑定 Job 的，其为 Job 实例提供了许多属性。JobDetail 定义的是任务数据，而真正的执行逻辑在 Job 中。任务有可能并发执行，如果 Scheduler 直接使用 Job，就会存在对同一个 Job 实例进行并发访问的问题，使用 JobDetail 加 Job 方式，每次执行 Scheduler 时，会根据 JobDetail 创建一个新的 Job 实例，这样就可以规避并发访问的问题。

Job 运行时的信息保存在 JobDataMap 实例中，在需要向 Job 传值的时候就可以通过 JobDataMap 实现。JobDataMap 实现了 JDK 的 Map 接口。JobDataMap，可以以键值对的形

式存储数据，其中可以包含不限量的（序列化的）数据对象，在执行 Job 实例时，使用其中的数据。JobDetail、Trigger 都可以使用 JobDataMap 来设置一些参数或信息。

JobDetail 实例可以通过 JobExecutionContext 类或 JobBuilder 类创建。JobBuilder 类无构造方法，只能通过 JobBuilder 的静态方法 newJob 生成 JobBuilder 实例。

JobDetail 绑定指定的 Job，每次 Scheduler 调度执行一个 Job 的时候，首先会拿到对应的 Job，然后创建该 Job 实例，再去执行 Job 中的 execute 方法，任务执行结束后，关联的 Job 实例会被释放，且会被 JVM GC 清除。也可以只创建一个 Job，然后创建多个与该 Job 关联的 JobDetail 实例，每一个实例都有自己的属性集和 JobDataMap，最后将所有的实例都加到 Scheduler 中。

② Trigger。

Trigger 是 Quartz 的触发器，会通知 Scheduler 何时去执行对应 Job。Trigger 是一个类，描述了触发 Job 执行的时间触发规则，当准备调度一个 Job 时，创建一个 Trigger 的实例，然后设置调度相关的属性即可。Trigger 也有一个相关联的 JobDataMap，用于给 Job 传递一些与触发相关的参数。

Quartz 有很多类型的 Trigger，所有类型的 Trigger 都有 TriggerKey 属性，表示 Trigger 的身份，还有很多其他的公共属性，在构建 Trigger 的时候可以通过 TriggerBuilder 设置，如其中的 startTime 属性表示 Trigger 第一次触发的时间，endTime 属性表示 Trigger 失效的时间。

常用的触发器主要有 SimpleTrigger 和 CronTrigger 这两个子类。SimpleTrigger 可以实现在具体的时间点执行一次的任务或者在具体的时间点执行且以指定的间隔重复执行若干次的任务。如有一个 Trigger，可以设置在 2021 年 1 月 1 日的上午 12 点准时触发，或者在这个时间点触发且每隔 10s 触发一次，重复 5 次。CronTrigger 则可以通过 cron 表达式定义出各种复杂时间规则的调度方案，如每天早晨 9 点执行、每周五上午 12 点执行等。

先来了解一下 SimpleTrigger，其属性主要包括开始时间、结束时间、重复次数及重复的间隔。重复次数，可以是 0、正整数，以及常量 SimpleTrigger.REPEAT_INDEFINITELY。重复的间隔，必须是 0，或者 long 型的正数，单位为毫秒。

如要指定任务运行 5s 后触发，只执行一次，代码如下。

```
SimpleTrigger trigger1 = (SimpleTrigger) newTrigger()
    .withIdentity("trigger1", "group1")
    .startAt(myStartTime)          // myStartTime 开始触发的时间
    . simpleSchedule()
    .withSchedule(SimpleScheduleBuilder.withIntervalInSeconds(5))
    .build();
```

这里的 withIdentity 表示触发器的一些属性名和组名，并由此形成标识，startAt 表示启动时间，withSchedule 表示以某种触发器触发。

CronTrigger 能够提供比 SimpleTrigger 更有具体实际意义的调度方案，它可以通过 cron 表达式定义出各种复杂的调度方案，cron 表达式的相关知识可在定时任务部分的介绍中查看。使用 CronTrigger，可以指定好时间表，CronTrigger 支持日历相关的重复时间间隔（比如每月第一个周一执行），而不是简单的周期时间间隔。例如"每周一上午 12 点"或"每天上午 9 点 30 分"，甚至"每周一至周五上午 9 点至 10 点之间每 5min"等更复杂的时间间隔。

CronTrigger 实例使用 TriggerBuilder（用于触发器的主要属性）和 CronScheduleBuilder（对于 CronTrigger 特定的属性）构建。

如要建立一个触发器，在每天上午 9 点至下午 5 点之间触发，代码如下。

```
Trigger trigger3 = newTrigger()
    .withIdentity("trigger3", "group1")
    .withSchedule(CronScheduleBuilder.cronSchedule("0 0/2 9-17 * * ?"))
    .forJob("myJob", "group1")
    .build();
```

③ Scheduler。

Scheduler 是 Quartz 的调度器，它代表 Quartz 的一个独立运行的容器，维护着 Quartz 的各种组件并实施调度的规则。

Trigger 和 JobDetail 可以注册到 Scheduler 中，一个 Scheduler 可以拥有多个 Trigger 组和多个 JobDetail 组。注册 Trigger 和 JobDetail 时，两者在 Scheduler 中拥有各自的组名及名称，组名及名称是 Scheduler 查找定位容器中某一对象的依据，Trigger 和 JobDetail 的组名及名称各自必须唯一。组名及名称组成了对象的全名，同一类型对象的全名不能相同。如果不显式指定所属的组，Scheduler 将被放入默认组中，默认组的组名为 Scheduler.DEFAULT_GROUP。

Scheduler 定义了多个接口方法，允许外部通过组名及名称访问和控制容器中的 Trigger 和 JobDetail。Scheduler 可以将 Trigger 绑定到某一 JobDetail 中，这样当 Trigger 触发时，对应的 Job 就被执行。

注意：

一个 Job 可以对应多个 Trigger，但一个 Trigger 只能对应一个 Job。

Scheduler 实例可以通过 SchedulerFactory 创建，Scheduler 拥有一个 SchedulerContext，它类似于 ServletContext，保存着 Scheduler 上下文信息，Job 和 Trigger 都可以访问 SchedulerContext 内的信息。SchedulerContext 内部通过一个 Map，以键值对的形式维护这些上下文信息，SchedulerContext 为保存和获取信息数据提供了多个 put 和 get 方法。

可以通过 Scheduler 的 getContext 方法获取对应的 SchedulerContext 实例。

Scheduler 还拥有一个线程池 ThreadPool，线程池为任务提供执行线程，任务通过共享线程池中的线程提高运行效率。ThreadPool 只是在它的池中维护一个固定的线程集，永远不会增长，永远也不会缩小。通过线程池组件的支持，对于繁忙度高、压力大的任务调度，Quartz 可以提供良好的伸缩性。

慕课 8-5

Spring Boot
整合 Quartz

【示例 8-2】使用 Spring Boot 整合 Quartz，设置每周一上午 9 点发送欢迎语。

① 创建项目，引入依赖。

创建项目 unit8-2，除了基本依赖外，在 pom.xml 文件中引入 Quartz 依赖，代码如下。

```
<dependency>
    <groupId>org.springframework.boot</groupId>
```

```
         <artifactId>spring-boot-starter-quartz</artifactId>
    </dependency>
```

② 创建任务类。

在项目中创建包 cn.js.ccit.jobs，在包中创建任务类 HelloJob，代码如下。

```
/**
 * 创建任务类，描述需要定时执行的具体业务逻辑
 */
public class HelloJob implements Job {
    @Override
    public void execute(JobExecutionContext context) throws JobExecutionException {
        //获取 JobDetail 对象
        JobDetail jobDetail=context.getJobDetail();
        //获取 JobDataMap 对象
        JobDataMap jobDataMap=jobDetail.getJobDataMap();
        String username=(String)jobDetail.getJobDataMap().get("username");
        SimpleDateFormat sf = new SimpleDateFormat("yyyy-MM-dd HH:mm:ss E");
        System.out.println(jobDataMap.get("depart")+"-----
"+jobDataMap.get("username")+"现在时间是: "+ sf.format(new Date())+", 新的一周开始了! ");
    }
}
```

这里在execute方法中先获取JobDetail对象，再获取JobDataMap对象，通过JobDataMap对象获取其中存储的用户名和部门数据，输出欢迎语。

③ 创建调度类。

创建包 cn.js.ccit.quartz，在包中创建调度类 TriggerRunner，代码如下。

```
public class TriggerRunner {
    public static void main(String[] args) throws SchedulerException {
         // JobDetail: 用来绑定 Job，并且在 Job 执行的时候携带一些执行的信息
        //创建一个 JobDetail 实例，将该实例与 HelloJob 类绑定
        JobDetail jobDetail = JobBuilder.newJob(HelloJob.class)
                .withIdentity("myJob","group1")    //指定 Job 的名字
                .usingJobData("username","张三")   //存储用户名
                .build();
        //存储数据
        JobDataMap jobDataMap=jobDetail.getJobDataMap();
        jobDataMap.put("depart","销售部");
        //Trigger: 用来触发 Job 去执行，定义了什么时候去执行、什么时候第一次执行、是否会一
        //直重复地执行下去、执行几次等
        //创建一个 Trigger 实例，定义该 Job 立即执行，并且每隔 2s 重复执行一次，重复 3 次
        Trigger trigger = TriggerBuilder.newTrigger()
                .withIdentity("myTrigger","group1")
                .startNow()
                .withSchedule(CronScheduleBuilder.cronSchedule("0  0  10  ?  *
MON"))
                //使用 CronSchedule，每周一上午 9 点触发
                .build();
    //创建 Scheduler 实例: Scheduler 实例区别于 Trigger 实例和 JobDetail 实例，是通过 factory 模式创建的
```

```
        //创建 ScheduleFactory
        SchedulerFactory schedulerFactory = new StdSchedulerFactory();
        //创建 Scheduler
        Scheduler scheduler = schedulerFactory.getScheduler();
        //注入 JobDetail 和 Trigger 到 Scheduler 中
        scheduler.scheduleJob(jobDetail,trigger);
        //开始调度
        scheduler.start();
    }
}
```

在调度类 TriggerRunner 中，先创建 JobDetail 实例，绑定 Job 实例，并存储数据，再创建 Trigger 实例，设置触发策略，最后创建 Scheduler 实例，将 Job 实例和 Trigger 实例绑定注入，启动调度即可，这样就使用 Quartz 实现了一个简单的定时任务。

Quartz 还可将任务调度信息持久化到数据库中，以便系统重启时能够恢复已经安排的任务。Quartz 还支持 JTA 事务和集群。

【任务实现】

慕课 8-6

任务 8.1 分析与实现

系统设定定时轮询，提醒用户资产领用的时间，以便用户在规定时间内及时归还，这里使用注解方式实现，主要分为两步。

① 开启定时任务。

在项目的主启动类上添加@EnableScheduling 注解，代码如下。

```
/**
 * 开启异步任务
 */
@EnableAsync
/**
 * 开启缓存注解
 */
@EnableCaching
/**
 * 开启定时任务
 */
@EnableScheduling
@SpringBootApplication
public class AssetsManagerApplication {
    public static void main(String[] args) {
        SpringApplication.run(AssetsManagerApplication.class, args);
    }
}
```

② 创建定时任务类。

在 configuration 包中创建定时任务类 ScheduleTimer，代码如下。

```
@Component
public class ScheduleTimer {
```

```
        private Logger logger = LoggerFactory.getLogger(this.getClass());
        @Resource
        private SysReceiveRecordMapper sysReceiveRecordMapper;
        // 每 6h 执行一次
        @Scheduled(cron="0 0 0/6 * * ? ")
        public void executeUpdateCuTask() {
            Thread current = Thread.currentThread();
            logger.info(" 定时任务 1:"+current.getId()+ ",name:"+current.getName());
            List<SysReceiveRecord> sysReceiveRecordList =
sysReceiveRecordMapper.selectList(new QueryWrapper<SysReceiveRecord>()
                    .eq("status", ParamsConstant.RECEIVE_STATUS_RECEIVE));
            // 记录领用时长，输出提示信息
            long currentTimeMillis = System.currentTimeMillis();
            for (SysReceiveRecord sysReceiveRecord: sysReceiveRecordList) {
                Long useTime = currentTimeMillis - sysReceiveRecord.getUpdateTime();
                int hour = (int)(useTime / 1000 / 3600);
                System.out.println("资产领用时间有："+hour+"小时啦！");
            }
        }
    }
```

在定时任务类中定义方法 executeUpdateCuTask，在该方法上使用@Scheduled 注解，通过 cron 属性设置每 6h 执行一次任务，获取用户资产申请领用的时间，计算出领用时长，输出提示信息。

任务 8.2 某公司资产管理系统的资产归还邮件提醒

【任务描述】

在某公司资产管理系统的资产归还管理中，若到规定时间还未归还资产，则自动给用户发送邮件进行提醒。在发送邮件时，可以使用异步任务将邮件交给后台发送，同时结合任务 8.1 中的定时任务，可以在超过规定时间后自动发送邮件提醒。

【技术分析】

在 Java 应用中，很多情况都是通过同步的方式来实现交互处理的，但在处理与第三方系统交互的时候，容易出现响应迟缓的情况。在 Spring Boot 中除了可以通过其自身写多线程实现异步任务外，还可以使用@EnableAysnc 注解和@Aysnc 注解实现异步任务，简单、方便。

发送邮件时，将邮件发送任务交给后台，前台则显示邮件已经发送完成，用户无须等邮件发送完就可以进行其他操作，这可以通过异步任务实现。异步任务就是在用户单击发送邮件后直接显示发送完成，这样用户就可以进行其他操作，发邮件的任务交给其他线程做，相当于虽然邮件可能正在后台发送中，但是用户现在可以不用管它，继续进行其他的操作，这样就不需要花费等待时间。

【支撑知识】

1. 异步任务

异步和同步是相对的。同步是指按照任务的顺序依次执行，每一个任务必须等待上一个任务执行完成之后才能执行，如银行的转账系统、对数据库的保存操作等都会使用同步任务进行交互操作。异步是在代码运行时，不等待上一个任务完成就执行下一个任务，在任务间没有先后顺序和依赖逻辑时就可以使用异步任务。

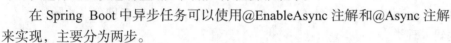

异步任务可以看作一个特别的方法，这个方法内部的逻辑会耗费一定时间，如用户每次请求时，执行到此异步方法则需要一个空闲的线程去执行它，只要此异步方法的执行不影响后续代码的运行，控制端直接去运行后续代码即可，这样可以快速响应用户，用户体验会非常好。

在 Spring Boot 中异步任务可以使用@EnableAsync 注解和@Async 注解来实现，主要分为两步。

① 在主启动类或控制类上通过标注@EnableAsync 注解来开启异步任务。

② 在需要异步执行的方法上标注@Async 注解。

下面通过一个示例来演示同步任务和异步任务的处理过程。

【示例 8-3】同步任务和异步任务处理。

先看同步任务，创建逻辑处理类和控制类，主要分为两步。

① 创建逻辑处理类。

创建项目 unit8-3，然后创建包 cn.js.ccit.service，在包中创建逻辑处理类 SyncTask，该类中模拟业务逻辑处理的代码如下。

```java
/**
 * 业务逻辑处理
 */
@Service
public class SyncTask {
    public void test(){
        try {
            System.out.println("请求时间: "+ LocalDateTime.now());
            //需要睡眠等待 5s 后再执行
            Thread.sleep(5000);
            System.out.println("响应时间: "+LocalDateTime.now());
        } catch (InterruptedException e) {
            e.printStackTrace();
        }
    }
}
```

在 SyncTask 类中，使用睡眠方法模拟业务逻辑处理需要的时间。

② 创建控制类。

创建包 cn.js.ccit.controller，在包中创建控制类 SyncController，执行业务逻辑，代码如下。

```java
@RestController
```

221

```
public class SyncController {
    @Autowired
    private SyncTask syncTask;
    @RequestMapping("syncTask")
    public String test(){
        syncTask.test();
        return "SyncTask";
    }
}
```

浏览请求 syncTask，控制台先输出请求时间，前端页面等待 5s 后做出响应，再输出响应时间，在线程睡眠的 5s 里，前端页面一直处于等待状态，这就是同步任务的处理过程。

接下来看异步任务，业务逻辑和控制端代码差别不大，只要在业务逻辑需要异步处理的方法上添加@Async 注解，并使用@EnableAsync 注解开启异步任务即可，步骤如下。

① 创建逻辑处理类。

在 cn.js.ccit.service 包中创建逻辑处理类 AsyncTask，在该类的方法上添加@Async 注解，代码如下。

```
@Service
public class AsyncTask {
    //表示方法是异步方法
    @Async
    public void test(){
        try {
            System.out.println("请求时间: "+ LocalDateTime.now());
            //需要睡眠等待 5s 后再执行
            Thread.sleep(5000);
            System.out.println("响应时间: "+LocalDateTime.now());
        } catch (InterruptedException e) {
            e.printStackTrace();
        }
    }
}
```

② 创建控制类。

在包 cn.js.ccit.controller 中创建控制类 AsyncController，执行业务逻辑，代码如下。

```
@RestController
public class AsyncController {
    @Autowired
    private AsyncTask asyncTask;
    @RequestMapping("asyncTask")
    public String test(){
        asyncTask.test();
        return "AsyncTask任务";
    }
}
```

③ 开启异步任务。

在主启动类上通过标注@EnableAsync 注解来开启异步任务，代码如下。

```
//开启异步任务
@EnableAsync
@SpringBootApplication
public class Unit81Application {
    public static void main(String[] args) {
        SpringApplication.run(Unit81Application.class, args);
    }
}
```

浏览请求 asyncTask，控制端立马返回，前端页面会直接做出响应，显示信息，而控制台会先输出请求时间，等待 5s 后再输出响应时间，这就是异步任务的处理过程，页面不用等待，处理逻辑在后台默默进行，提高用户的使用体验。

注意：

异步方法不能与调用异步方法的方法在同一个类中。

可以看出，异步处理是一种很常见、很高效的方式，使用 Spring Boot 自带的注解方式可以简单、方便地实现异步处理。开启异步任务后相当于开启多线程，一边处理后台的数据，一边进行前端页面的显示。

2. 邮件服务

慕课 8-8

邮件发送基础

邮件发送是一个非常常见的需求，在用户注册、找回密码等场景中都会用到。Spring Boot 提供了邮件发送的自动化配置类，使得邮件发送变得非常容易。

先来看一下邮件发送与接收的基本过程。假如从 QQ 邮箱 123456@qq.com 发送一个邮件到 163 邮箱 test@163.com 中，邮件发送的基本过程是，QQ 邮箱→腾讯邮箱服务器→网易邮箱服务器→163 邮箱。这个过程主要涉及 SMTP 和 POP3 协议。

发送邮件必须知道邮箱的账号和密码，为了保护邮箱账户的安全，不能直接使用账号和密码来登录并发送，而是使用账号和授权码，这就需要先申请授权码。

这里以 QQ 邮箱为例，看一下授权码的申请流程。首先登录 QQ 邮箱，单击邮箱地址下的"设置"按钮，如图 8-1 所示，进入邮箱设置页面，选择"账户"选项卡，进入账户设置页面。

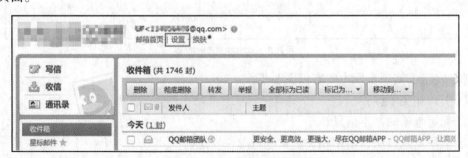

图 8-1　进入邮箱设置页面

在账户设置页面中，找到开启 POP3/SMTP 服务的设置，单击"开启"按钮，会弹出

"验证密保"对话框，如图 8-2 所示。进行短信验证后，即会生成授权码并成功开启 POP3/SMTP 服务，如图 8-3 所示，之后复制并保存好授权码。

图 8-2　开启 POP3/SMTP 服务

图 8-3　生成邮箱授权码

邮件发送的实现步骤主要有以下 3 步。

① 引入相关依赖；

② 配置邮箱的基本信息；

③ 编写发送方法，使用相关对象进行邮件发送。

下面根据邮件发送内容的复杂程度，介绍如何发送只包含纯文本的简单邮件、包含富文本（图片、网页、附件等）的复杂邮件、模板邮件。

【示例 8-4】发送简单邮件、复杂邮件和模板邮件，基本步骤如下。

① 创建项目，引入依赖。

创建项目 unit8-4，引入相关依赖，相应的代码如下。

```
<!--邮件服务-->
<dependency>
    <groupId>org.springframework.boot</groupId>
    <artifactId>spring-boot-starter-mail</artifactId>
</dependency>
<!--Thymeleaf模板-->
<dependency>
    <groupId>org.springframework.boot</groupId>
    <artifactId>spring-boot-starter-thymeleaf</artifactId>
</dependency>
```

② 配置邮箱基本信息。

在项目中创建 application.yml 配置文件，在文件中进行邮箱基本信息配置，代码如下。

```
#配置邮箱基本信息
spring:
  mail:
    host: smtp.qq.com       #发送邮件服务器，请替换成自己的
    properties.mail.smtp.port: 465    #端口号
    username: 11111111@qq.com        #发送邮件的邮箱地址，请替换成自己的
    password: knanxtexobshcacf        #客户端授权码，不是邮箱密码，请替换成自己的
#邮件服务超时时间配置
properties.mail.smtp.connectiontimeout: 5000
properties.mail.smtp.timeout: 3000
properties.mail.smtp.writetimeout: 5000
#SSL 开启配置
properties.mail.smtp.starttls.enable: true
properties.mail.smtp.starttls.required: true
properties.mail.smtp.ssl.enable: true
properties.mail.smtp.debug: true
default-encoding: utf-8    #邮件编码方式
```

这里主要配置了邮件服务器、相应端口号、发送邮件的邮箱地址、客户端授权码、超时时间等，我们可以根据自己的邮箱信息设置。

Spring Boot 的 starter 模块提供了自动化配置功能，会根据配置文件中的内容去创建 Java-Mail SenderImpl 实例。JavaMailSenderImpl 是 JavaMailSender 的一个实现，用来完成邮件的发送工作。

③ 进行邮件发送。

先通过单元测试来实现一封简单邮件的发送。在项目的测试类 Unit84ApplicationTests 中，定义 JavaMailSenderImpl 的变量，通过@Autowired 注解注入值，定义方法 sendText，代码如下。

```
@SpringBootTest
class Unit84ApplicationTests {
    @Autowired
    JavaMailSenderImpl mailSender;
    //发送文本邮件
```

```
@Test
void sendText() {
    //定义发送的简单文本邮件信息
    /SimpleMailMessage message = new SimpleMailMessage();
    ///发送邮件的邮箱
    /message.setFrom("1111@qq.com");
    ///接收邮件的邮箱
    /message.setTo("lll@ccit.js.cn");
    ///邮件主题
    /message.setSubject("简单文本邮件");
    ///邮件内容
    /message.setText("测试邮件内容");
    ///邮件发送
    /mailSender.send(message);
}
}
```

sendText 方法使用 SimpleMailMessage 进行邮件内容的定义和存储，使用 JavaMail SenderImpl 发送邮件。执行此方法后，查看接收邮箱，可以发现接收到了发送的邮件，如图 8-4 所示。

图 8-4　接收发送的邮件

接下来介绍如何发送复杂邮件，即发送带 HTML 标签的文本信息、在邮件内容中嵌入图片等静态资源或发送带附件的邮件。

慕课 8-9

发送复杂邮件

在测试类中定义方法 sendComplex，代码如下。

```
//发送复杂邮件
@Test
public void sendComplex()throws MessagingException{
    //定义发送的复杂邮件信息
    MimeMessage mimeMessage = mailSender.createMimeMessage();
    //邮件配置的辅助工具类，第二个参数值为 true，表示包含多个部件
    MimeMessageHelper helper = new MimeMessageHelper(mimeMessage,true);
    helper.setFrom("114056405@qq.com");
    helper.setTo("lvfeng@ccit.js.cn");
    helper.setSubject("发送复杂邮件");
    //发送的文本中带有 HTML 标签，会进行解析
    String t1="<html><body><h1>这是邮件的标题</h1><br>";
    //设置内嵌的图片，图片源自本地，通过 cid 设置值对应
    String t2="<img src='cid: Doraemon width='200px'><br>";
```

```
//设置发送的文本，提醒用户查看附件
String t3="<h3>您有附件未收取，请查看! </h3></body></html>";
//拼接显示的文本
helper.setText(t1+t2+t3,true);
//添加图片资源
helper.addInline("Doraemon", new File("D:\\Doraemon.jpg"));
//添加附件
helper.addAttachment("Doraemon1", new File("D:\\Doraemon.jpg"));
//发送邮件
mailSender.send(mimeMessage);
}
```

这里通过 JavaMailSender 实例来获取一个复杂邮件 MimeMessage 对象，再利用邮件配置的辅助工具类 MimeMessageHelper 对邮件进行配置。针对邮件的配置都是由 MimeMessageHelper 类来代劳的，设置邮件的发送方、接收方、主题、邮件的文本信息，处理邮件文本信息时，把要显示的信息进行拼接，使用 setText 方法设置邮件内容时，若方法的第二个参数为 true，则文本中包含的 HTML 标签在显示时会进行解析。在字符串 t2 中，涉及的嵌入的图片资源先用一个占位符占着，通过 cid 进行标识，通过 addInline 方法进行图片资源添加，addInline 方法的第一个参数需要与占位符的 cid 对应，第二个参数为要显示的图片。最后通过 addAttachment 方法来添加一个附件，两个参数分别表示附件名和要上传的附件文件。

嵌入的图片资源是直接在邮件正文中显示的，一般不建议使用，因为这种方式会将图片一起发送，且邮件服务器对邮件内容的大小有一定限制。

执行测试方法 sendComplex，运行结果如图 8-5 所示，查收邮件可以看到此邮件中包含带格式的文本、图片、附件等。

图 8-5　发送复杂邮件

在实际开发中，邮件的内容都是比较丰富的，大部分邮件都是通过 HTML 文本来呈现的，对于这些邮件不方便通过拼接字符串生成和维护。而在一些固定场景中，如重置密码、注册确认时，给每个用户发送的内容只有小部分是变化的，因此会使用模板引擎来为各类邮件设置模板，这样我们只需在发送时替换变化部分的参数即可。

这里主要介绍邮件模板 Thymeleaf，Thymeleaf 的自动化配置功能提供了一个 TemplateEngine，通过 TemplateEngine 可以方便地将 Thymeleaf 渲染为 HTML 文本。

下面介绍如何实现用户注册时接收的激活邮件的发送。要使用 Thymeleaf，就需要引入 Thymeleaf 的依赖。

首先定制邮件模板，在 resources/ templates/目录下创建页面 sendMail.html，代码如下。

```html
<!DOCTYPE html>
<html xmlns:th="http://www.******.org">
<head>
    <meta charset="UTF-8">
    <title>Title</title>
</head>
<body>
<h1 th:text="'你好, ' + ${username} + ', 这是一封验证邮件, 请单击下面的链接完成激活
验证'"></h1>
<h2>
    <a href="">激活账号</a>
</h2>
</body>
</html>
```

在页面中先引用 Thymeleaf，在<h1>标签中，使用${}运算符获取传输的用户名。

在测试类中定义方法 sendTemplate，代码如下。

```java
//发送模板邮件
@Autowired
private TemplateEngine templateEngine;
@Test
void sendTemplate() throws MessagingException {
    MimeMessage mimeMessage = mailSender.createMimeMessage();
    MimeMessageHelper helper = new MimeMessageHelper(mimeMessage, true);
    helper.setFrom("114056405@qq.com");
    helper.setTo("lvfeng@ccit.js.cn");
    helper.setSubject("激活邮件");
    // 利用 Thymeleaf 构建 HTML 文本
    Context ctx = new Context();
    // 设置 Thymeleaf 所需的变量值
    ctx.setVariable("username", "测试用户");
    // 执行 Thymeleaf, 创建 HTML 文本
// 默认 Thymeleaf 的所有模板都放在 resources/templates/ 目录下, 并且以 .html 扩展名结尾
    String emailText = templateEngine.process("sendMail", ctx);
    // 设置要发送的 HTML 文本, 第二个参数代表是否为 HTML 文本
    helper.setText(emailText, true);
```

```
    mailSender.send(mimeMessage);
}
```

这里使用 Thymeleaf 的 Context 对象存储传输的参数值，setVariable 方法的第一个参数是 key，第二个参数是 value，可以在页面中使用 Thymeleaf 的表达式，通过 key 获取 value。通过模板引擎解析相应的模板，templateEngine 的 process 方法的第一个参数为视图名，这里是 sendMail，第二个参数是要传输的上下文对象。

执行测试方法 sendTemplate，查收的邮件如图 8-6 所示，可以看出通过传入 username 的参数，在邮件内容中替换了模板中的${username}变量。

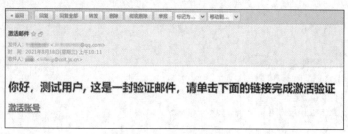

图 8-6 发送模板邮件

【任务实现】

员工领用的资产到时未归还，可以定时发送邮件到员工邮箱，提醒员工及时归还，主要有 3 个步骤。

慕课 8-10

任务 8.2 分析与实现

① 引入依赖。

项目要使用邮件服务，需引入邮件发送依赖，在项目的 pom.xml 文件中，添加以下代码。

```xml
<!--邮件服务-->
<dependency>
    <groupId>org.springframework.boot</groupId>
    <artifactId>spring-boot-starter-mail</artifactId>
</dependency>
```

② 配置邮箱基本信息。

在项目的 application-pro.yml 配置文件中进行邮箱基本信息配置，代码如下。

```yaml
spring:
  mail:
    username: 114056405@qq.com
    password: knanxtexobshcacf
    host: smtp.qq.com
    properties:
      mail:
        smtp:
          ssl:
            enable: true
```

在配置之前，记得开启邮箱的 SMTP 服务，获取相应的授权码并填写到上面的代码中。

③ 编写代码发送邮件。

在资产归还服务类 SysReturnRecordServiceImpl 中，添加邮件发送功能代码，核心代码如下。

```
@Service
public class SysReturnRecordServiceImpl implements SysReturnRecordService {
    @Resource
    SysReceiveRecordMapper sysReceiveRecordMapper;
    @Resource
    SysUserMapper sysUserMapper;
    @Resource
    SysReturnRecordMapper sysReturnRecordMapper;
    @Resource
    SysAssetTypeMapper sysAssetTypeMapper;
    @Resource
    private JavaMailSenderImpl javaMailSender;
    @Transactional(rollbackFor = Exception.class)
    @Override
    public void save(SysReturnRecordReq req){
    try{
    //根据用户id查询归还者姓名
    SysUser sysUserInfo = sysUserMapper.selectById(req.getUserId());
    //根据领用id查询领用记录
    SysReceiveRecordListResp sysReceiveRecord =
    sysReceiveRecordMapper.getOne(req.getReceiveId());
    SysAssetType sysAssetType =
    sysAssetTypeMapper.selectById(sysReceiveRecord.getAssetType());
    //使用年限计算，归还时间减去领用时间
    Long now = System.currentTimeMillis();
    double difference = (double) (now - sysReceiveRecord.getUpdateTime() ) / 1000;
    double d = difference/86400/ 365;
    Integer usedAge = (int) Math.ceil(d);
    SysReturnRecord sysReturnRecord = new SysReturnRecord();
    CopyUtils.copyProperties(sysReceiveRecord, sysReturnRecord);
    sysReturnRecord.setId(null);
    sysReturnRecord.setUserId(req.getUserId());
    sysReturnRecord.setDescription(req.getDescription());
    sysReturnRecord.setUsername(sysUserInfo.getUsername());
    sysReturnRecord.setCreateTime(now);
    // 审批人——综合部资产管理员
    SysUser userInfo = sysUserMapper.selectOne(new
    QueryWrapper<SysUser>().eq("post_id",
    aramsConstant.POST_GROUP_ASSET_MANAGER));
    sysReturnRecord.setFlowPath(userInfo.getId());
    sysReturnRecord.setStatus(ParamsConstant.AUDIT_STATUS_DEFAULT);
    sysReturnRecord.setUpdateTime(null);
    sysReturnRecord.setAssetStatus(req.getAssetStatus());
    sysReturnRecord.setUsedAge(usedAge + "年");
    //将资产领用处的状态也改成归还中
    sysReceiveRecordMapper.update(null, new
```

```
UpdateWrapper<SysReceiveRecord>().set("status",ParamsConstant.RECEIVE_
STATUS_INTHEBACK).eq("id",req.getReceiveId()));
sysReturnRecordMapper.insertSelective(sysReturnRecord);
// 发送邮件提醒
SimpleMailMessage message = new SimpleMailMessage();
//邮件设置
message.setSubject("资产归还邮件提醒");
message.setText("有新的资产归还信息待审批, 归还人: " +
sysUserInfo.getUsername());
message.setTo("14154842@qq.com");
message.setFrom("1140566405@qq.com");
javaMailSender.send(message);
}catch (ChorBizException e){
throw e;
}catch (Exception e){
throw new ChorBizException(AmErrorCode.SERVER_ERROR);
}
}
}
```

邮件发送主要涉及邮件的主题、邮件内容、发送方和接收方等信息, 将这些信息保存在 SimpleMailMessage 对象中, 最后通过 JavaMailSender 的 send 方法进行邮件发送。

拓展实践

实践任务	某公司资产管理系统的资产申请审批提醒
任务描述	作为公司主管部门, 对员工提出的资产申请要及时审批, 在员工提出资产申请时, 即发送邮件给主管部门, 提醒领导及时审批
主要思路及步骤	发送邮件主要有 3 个步骤。 1. 引入依赖; 2. 配置邮箱基本信息; 3. 编写代码发送邮件
任务总结	

单元小结

本单元主要介绍了 Spring Boot 常用的 3 类任务: 异步任务、定时任务、邮件服务。对于定时任务, 可以使用注解方式或者 Quartz 实现, 注解方式比较简单, 一般用于简单的定时任务, 在对定时任务的调度要求较高时, 可以结合 Quartz 使用。邮件的发送步骤基本分为 3 步, 了解基本步骤后, 要多熟悉发送各种复杂邮件时相关的设置。

单元习题

一、单选题

1. Spring Boot 中常见的任务不包括 (　　　)。

A. 定时任务

B. 异步任务

C. 邮件服务

D. 多线程

2. 下列的 cron 表达式中，正确表示每隔一小时的是（　　　）。

A. */1 * * * * ?

B. * */1 * * * ?

C. * * */1 * * ?

D. * */1 * ? * *

3. cron 表达式中，相关符号代表的意思说法不正确的是（　　　）。

A. *代表所有值，? 代表不指定值

B. *代表任意值，? 代表某一个值

C. ,代表多个值

D. -表示区间

4. Quartz 的 3 个核心要素不包括（　　　）。

A. 调度器

B. 任务

C. 触发器

D. JobDetail

5. 邮件发送的配置中，要配置的基本信息不包括（　　　）。

A. 发送邮箱地址

B. 发送邮件服务器

C. 发送邮件授权码

D. 发送超时设置

二、填空题

1. 定时任务的开启需要在主启动类上添加_____注解。

2. 若有一个方法是异步方法，则在方法上添加_____注解。

3. 若发送一个只有文本的简单邮件，定义发送邮件信息可以使用_____对象。

4. 若定时任务设定为每周五下午 5 点执行，对应的 cron 表达式为_____。

单元 ⑨ Spring Boot 项目发布及部署

本单元以某公司资产管理系统为例，介绍 Spring Boot 的单元测试、项目的打包和部署及如何使用 knife4j 生成系统开发文档。

知识目标

★ 掌握使用 Spring Boot 进行单元测试时所使用的注解
★ 掌握 Swagger、knife4j 相关的注解
★ 了解如何通过宝塔 Linux 面板将项目部署到服务器上

能力目标

★ 能够熟练使用 Spring Boot 进行单元测试
★ 能够熟练使用 Maven 将项目打包为 JAR 包或 WAR 包
★ 能够将项目部署到服务器上
★ 能使用 knife4j 生成系统开发文档

任务 9.1 某公司资产管理系统的单元测试

慕课 9-1

Spring Boot 单元测试概述

【任务描述】

请使用 Spring Boot 对某公司资产管理系统中根据 id 查找用户功能进行单元测试，即对 sysUserService 的 find 方法进行测试。

【技术分析】

要实现对服务层方法的测试，可以使用 Spring Boot 提供的测试模块完成。其实现方式非常简单。首先，在 pom.xml 文件中导入 Spring Boot Test 的 starter 依赖，然后创建相应的测试类，完成测试。

【支撑知识】

素养拓展

编写高品质代码，感悟"进步"之路

1. Spring Boot 单元测试概述

测试是系统开发中非常重要的工作，单元测试在帮助开发人员编写高品质的程序，提升代码质量方面发挥了极大的作用，本任务将介绍 Spring Boot 的单元测试。

Spring Boot 为测试提供了一个名为 spring-boot-starter-test 的启动器，通过它，可引入一些有用的测试库。从 Spring Boot 2.2.0 版本开始，Spring Boot 就引入了 JUnit 5 作为单元

测试默认库，JUnit 5 作为最新版本的 JUnit 框架，与之前版本的 JUnit 框架有很大的不同，其由 3 个不同子项目的几个不同模块组成。

JUnit 5 = JUnit Platform + JUnit Jupiter + JUnit Vintage

JUnit Platform：JUnit Platform 是在 JVM 上启动测试框架的基础，不仅支持 JUnit 框架自制的测试引擎，其他测试引擎也都可以接入。

JUnit Jupiter：JUnit Jupiter 提供了 JUnit 5 新的编程模型，是 JUnit 5 新特性的核心，内部包含一个测试引擎，用于在 JUnit Platform 上运行。

JUnit Vintage：由于 JUnit 框架已经发展多年，为了照顾旧的项目，JUnit Vintage 提供了兼容 JUnit 4.x、JUnit3.x 的测试引擎。

注意：

Spring Boot 2.4 及以上版本移除了默认对 Vintage 的依赖，如果需要兼容 JUnit 4.x，需要自行引入。

2. Spring Boot 单元测试应用

【示例 9-1】对某公司资产管理系统中根据 id 查找资产信息功能进行单元测试，即对 sysAssetService 的 find 方法进行测试。

① 在 pom.xml 文件中引入 spring-boot-starter-test 依赖，代码如下。

```xml
<dependency>
    <groupId>org.springframework.boot</groupId>
    <artifactId>spring-boot-starter-test</artifactId>
    <scope>test</scope>
    <exclusions>
        <exclusion>
            <groupId>org.junit.vintage</groupId>
            <artifactId>junit-vintage-engine</artifactId>
        </exclusion>
    </exclusions>
</dependency>
```

本书用 JUnit 5 进行测试，若读者想用 JUnit 4 进行测试，需要把上面代码中标签 <exclusions></exclusions>包含的部分去除。

② 编写测试类 SysAssetTest，代码如下所示。

```java
@SpringBootTest
public class SysAssetTest {
    @Resource
    private SysAssetService sysAssetService;

    @Test
    public void findAssetByIdTest(){
        SysAssetResp assetResp = sysAssetService.find((long) 1);
        Assert.notNull(assetResp,"没有根据id找到资产");
    }
}
```

通过@SpringBootTest注解来加载配置文件,并启动Spring容器。使用Spring Boot整合JUnit 5以后,测试类具有 Spring 的功能,因此可以使用@Resource 注解为 sysAssetService 的属性进行装配。在 findAssetByIdTest 方法上追加@Test 注解,表示该方法为测试方法。调用 Assert.notNull 判断是否存在查到的 assetResp 对象,若存在,则正常结束,否则抛出异常信息。异常信息提示如图 9-1 所示。

```
java.lang.IllegalArgumentException: 没有根据id找到资产

    at org.springframework.util.Assert.notNull(Assert.java:198)
    at com.cg.test.am.SysAssetTest.findAssetByIdTest(SysAssetTest.java:19) <31 internal calls>
    at java.util.ArrayList.forEach(ArrayList.java:1257) <9 internal calls>
    at java.util.ArrayList.forEach(ArrayList.java:1257) <18 internal calls>
    at com.intellij.rt.junit.IdeaTestRunner$Repeater.startRunnerWithArgs(IdeaTestRunner.java:33)
    at com.intellij.rt.junit.JUnitStarter.prepareStreamsAndStart(JUnitStarter.java:230)
    at com.intellij.rt.junit.JUnitStarter.main(JUnitStarter.java:58)
```

图 9-1 异常信息提示

【课堂实践】请对某公司资产管理系统中获取全部角色功能进行单元测试,即对 sysUserService SysRoleServiceImpl 的 allList 方法进行测试。

慕课 9-2

任务 9.1 分析与实现

【任务实现】

① 在 pom.xml 文件中引入 spring-boot-starter-test 依赖,其代码如示例 9-1 中的步骤①所示。

② 编写测试类 SysUserTest,代码如下所示。

```java
@SpringBootTest
public class SysUserTest {
    @Resource
    private SysUserService sysUserService;
    @Test
    public void test() {
        //1.添加用户
        SysUser sysUser = new SysUser();
        sysUser.setTel("15251932110");
        sysUser.setNickname("test111");
        sysUser.setDepartmentId(5L);
        sysUserService.save(sysUser);
        // 2.根据 id 查询用户
        SysUserResp sysUserResp1 =     sysUserService.find(sysUser.getId());
        System.out.println("sysUserResp1 id :" + sysUserResp1.getId());
        Assert.notNull(sysUserResp1, "查询结果为空");
    }
}
```

首先,使用@SpringBootTest 注解表明该类为测试类,@Resource 注解用于为 sysUserService 的属性进行装配。在测试方法中,首先设置用户信息(如电话、昵称、部门 id),然后调用 sysUserService 的 save 方法添加用户到数据库中,之后调用 sysUserService

235

的 find 方法根据 id 查找用户，最后调用 Assert.notNull 方法，判断查找到的对象是否为 null。若为 null，则抛出异常信息。

任务 9.2　某公司资产管理系统的打包和部署

【任务描述】

某公司资产管理系统是一个前后端分离的项目。该系统前端基于 Vue+React 框架，目前已开发完毕并已部署到服务器上。现在请将该系统后端打包并部署到服务器上，完成前后端整合。

【技术分析】

该系统后端是一个 Spring Boot 项目，项目可打包为 JAR 包或 WAR 包。但由于该系统是一个前后端分离的项目，推荐将其打包为 JAR 包并进行部署。

【支撑知识】

1. 将项目打包为 JAR 包并部署

慕课 9-3

将项目打包为 JAR 包并部署

【示例 9-2】将一个简单的 Spring Boot 项目打包为 JAR 包并部署到服务器上。

下面以使用 Maven 打包为例，来将一个简单的 Spring Boot 项目打包为 JAR 包并部署到服务器上。

① 确定将项目打包为 JAR 包，如图 9-2 所示。

```
<groupId>cn.js.ccit</groupId>
<artifactId>springsecurity</artifactId>
<version>0.0.1-SNAPSHOT</version>
<packaging>jar</packaging>
<name>springsecurity</name>
<description>Demo project for Spring Boot</description>
```

图 9-2　将项目打包为 JAR 包

② 在 pom.xml 文件中引入 Maven，如图 9-3 所示。

```
<build>
    <plugins>
        <plugin>
            <groupId>org.springframework.boot</groupId>
            <artifactId>spring-boot-maven-plugin</artifactId>
        </plugin>
    </plugins>
</build>
```

图 9-3　引入 Maven

③ 选择 IDEA 右侧栏的 "Maven"，单击项目 springsecurity 中 Lifecycle 下的 "package" 进行打包，如图 9-4 所示。

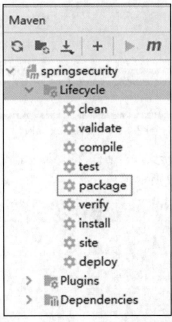

图 9-4　使用 Maven 打包为 JAR 包

④ 打包后的 JAR 包会出现在项目结构的 target 目录中，结果如图 9-5 所示。

图 9-5　打包后的结果

⑤ 接下来，将打包好的 JAR 包上传到服务器，并执行该 JAR 包，步骤如下所示。

· 打开服务器的宝塔 Linux 面板，输入账号和密码，如图 9-6 所示。

图 9-6　宝塔 Linux 面板

·打开宝塔 Linux 面板的上传文件对话框，将 JAR 包上传到服务器目录"/www/wwwroot/spring-boot-demo"中，如图 9-7 所示。

图 9-7　宝塔 Linux 面板的上传文件对话框

·打开宝塔 Linux 面板的终端，输入"screen-r 13058"进入会话 13058，通过"cd"进入目录"/www/wwwroot/spring-boot-demo"，输入"java -jar springsecurity-0.0.1- SNAPSHOT.jar"命令，执行 JAR 包，如图 9-8 所示。

图 9-8　在宝塔 Linux 面板终端执行 JAR 包

·JAR 包执行后，结果如图 9-9 所示，项目运行成功，说明该 JAR 包在服务器上部署成功。

图 9-9 JAR 包执行结果

【课堂实践】请创建一个简单的 Spring Boot 项目，将该项目打包为 JAR
包并部署到服务器上。

慕课 9-4

将项目打
包为 WAR
包并部署

2. 将项目打包为 WAR 包并部署

【示例 9-3】将示例 9-2 中的项目打包为 WAR 包，并部署到服务器上。

① 打开 pom.xml 文件，将项目打包为 WAR 包，如图 9-10 所示。

```
<groupId>cn.js.ccit</groupId>
<artifactId>springsecurity</artifactId>
<version>0.0.1-SNAPSHOT</version>
<packaging>war</packaging>
<name>springsecurity</name>
<description>Demo project for Spring Boot</description>
```

图 9-10 将项目打包为 WAR 包

② 在 pom.xml 文件中添加一个 Tomcat 依赖（表明该项目所使用的 Tomcat 是外部提供
的），代码如下所示。

```
<dependency>
    <groupId>org.springframework.boot</groupId>
    <artifactId>spring-boot-starter-tomcat</artifactId>
    <scope>provided</scope>
</dependency>
```

③ 新建 web.xml 文件。新建文件的方式有两种，一种是直接新建文件，另一种是通过
IDEA 来新建。这里介绍第二种方式。

首先，单击 IDEA 右上角的项目结构图标（Project Structure），如图 9-11 所示。

图 9-11 IDEA 右上角的项目结构图标

其次，选择 "Modules"，单击 "Web"（如果没有就单击左上角的加号新建一个），接

着双击下方的 Web Resource Directory 中的第一项来设置 webapp 的路径。一般是自动设置好了的，直接单击"OK"按钮，然后在弹出的"Directory Not Found"对话框中单击"Yes"按钮即可，如图 9-12 所示。

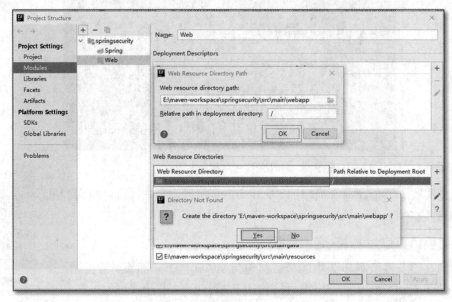

图 9-12　设置 webapp 路径

最后，单击上面的加号新建 web.xml 文件，如图 9-13 所示。

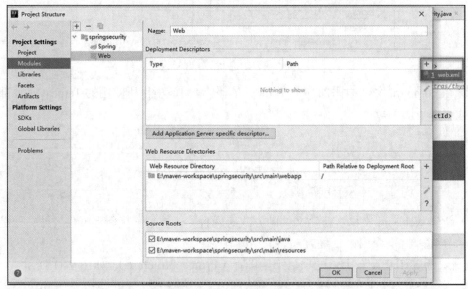

图 9-13　新建 web.xml 文件 1

注意 web.xml 文件生成的路径，要放到刚才新建的 webapp 文件夹内。在"Deployment Descriptor Location"对话框中设置好路径后，单击"OK"按钮，再单击"OK"按钮，如图 9-14 所示，web.xml 文件就新建好了。

新建好的 web.xml 文件如图 9-15 所示。

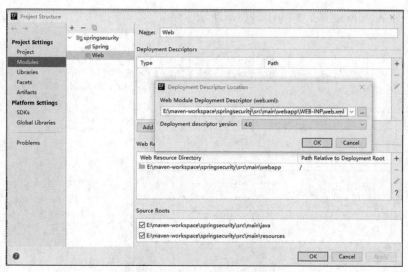

图 9-14　新建 web.xml 文件 2

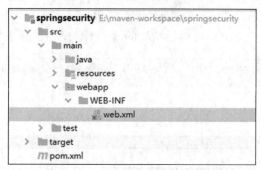

图 9-15　新建好的 web.xml 文件

④ 新建一个 ServletInitializer 类（该类继承自 SpringBootServletInitializer），并重写了
configure 方法。这个类应该与项目的 SpringsecurityApplication 在同一级目录下，如图 9-16
所示。

图 9-16　ServletInitializer 类

新建的 ServletInitializer 类的代码如下所示。

```
package cn.js.ccit;
import org.springframework.boot.builder.SpringApplicationBuilder;
import org.springframework.boot.web.servlet.support.
SpringBootServletInitializer;
public class ServletInitializer extends
SpringBootServletInitializer {
    @Override
    protected SpringApplicationBuilder configure(SpringApplicationBuilder
application) {
        //Application 的类名
        return application.sources(SpringsecurityApplication.class);
    }

}
```

⑤ 选择 IDEA 右侧栏的 "Maven"，单击项目 springsecurity 中 Lifecycle 下的 "clean"，删除之前的 JAR 包，然后单击 "package" 进行打包。

⑥ 打包后的 WAR 包会出现在项目结构的 target 目录中，结果如图 9-17 所示。

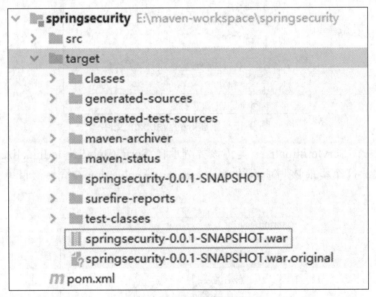

图 9-17　打包后的结果

⑦ 接下来，将打包好的 WAR 包上传到服务器，并运行 Tomcat 对 WAR 包进行解压缩，步骤如下所示。

· 把打包好的 WAR 包存放到服务器 Tomcat 的 webapps 文件夹下，如图 9-18 所示。

· 双击 Tomcat 图标，启动 Tomcat。Tomcat 会自动解压上传的 WAR 包，操作如图 9-19 所示。

· Tomcat 启动后，访问地址 http://43.129.27.19:8080/springsecurity-0.0.1-SNAPSHOT/，页面如图 9-20 所示，说明该 WAR 包在服务器上部署成功。

图 9-18 将 WAR 包存放到服务器 Tomcat 的 webapps 文件夹下

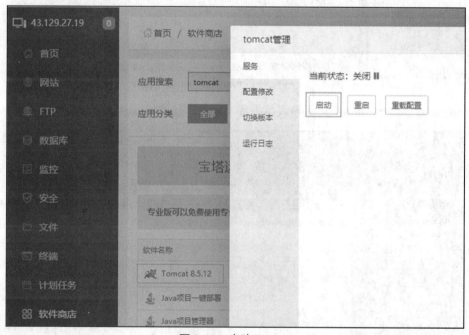

图 9-19 启动 Tomcat

图 9-20 访问项目成功页面

【课堂实践】请创建一个简单的 Spring Boot 项目,将该项目打包成 WAR 包并部署到服务器上。

【任务实现】

在打包之前，首先在服务器上添加数据库 am，运行该系统相关的 am.sql 文件，创建系统中的表。对服务器的操作基于宝塔 Linux 面板，操作步骤如下。

慕课 9-5

任务 9.2 分析与实现

① 在宝塔 Linux 面板中添加数据库 am，设置用户名为 ccit，密码为 123，操作如图 9-21 所示。

图 9-21　在宝塔 Linux 面板中添加数据库

② 将之前上传的 am.sql 文件导入数据库 am 中，操作如图 9-22 所示。

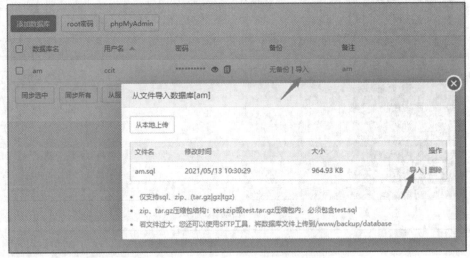

图 9-22　将 am.sql 文件导入数据库中

下面开始在 IDEA 中将项目打包为 JAR 包，操作步骤如下。

① 在 IDEA 中，打开 application.yml 配置文件，修改数据库连接属性。具体代码如下所示。

```
# 数据库连接属性配置
spring:
  datasource:
```

```
    url:
jdbc:mysql://localhost:3306/am?useUnicode=true&characterEncoding=utf8&nullCatalogMe-
ansCurrent=true
    username: ccit
    driver-class-name: com.mysql.cj.jdbc.Driver
    password: 123
```

② 在 IDEA 中将项目打包为 JAR 包。选择 IDEA 右侧栏的"Maven",选中项目 assets-manager 中 Lifecycle 下的"package",如图 9-23 所示。

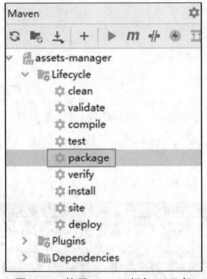

图 9-23　使用 Maven 打包 JAR 包

③ 打包后的 JAR 包会出现在 target 目录中,结果如图 9-24 所示。

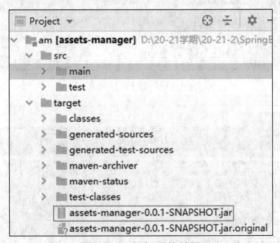

图 9-24　打包后的结果

接下来,将打包好的 JAR 包上传到服务器,并运行该 JAR 包,步骤如下。

① 将 JAR 包上传到服务器目录"/www/wwwroot/spring-boot-demo01"中,操作如图 9-25 所示。

图 9-25　将 JAR 包上传到服务器

② 打开终端，输入"screen-r 13058"进入会话 13058，并执行 JAR 包，操作如图 9-26 所示，结果如图 9-27 所示。

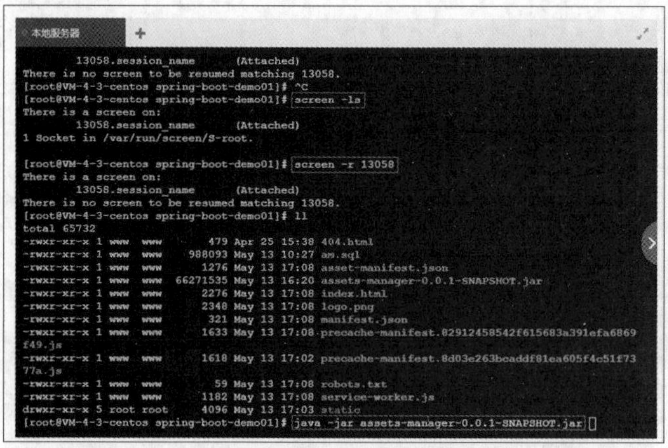

图 9-26　执行 JAR 包

图 9-27　JAR 包执行结果

③ 打开浏览器，访问 http://43.129.27.19/asset，项目登录页面如图 9-28 所示。

图 9-28　项目登录页面

④ 在项目登录页面，输入账户信息，登录成功，登录后的页面如图 9-29 所示。至此，该项目前后端整合成功。

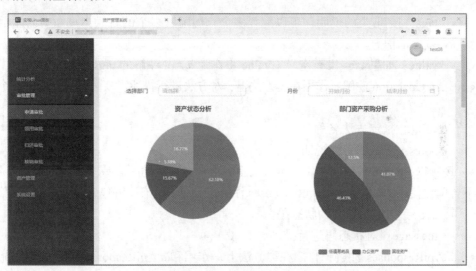

图 9-29　登录后的页面

任务 9.3　生成某公司资产管理系统的开发文档

【任务描述】

某公司资产管理系统在开发过程中采用前后端分离的方式，因此需要前后端工程师共同定义接口、编写接口文档，之后根据接口文档进行开发、维护。为了便于编写和维护，可以使用 knife4j 来实现系统的接口文档。请使用 knife4j 来编写项目中资产信息列表接口文档。

【技术分析】

想要使用 knife4j 来编写项目中资产信息列表接口文档，首先需要在 pom.xml 文件中添加 knife4j 的依赖，之后创建 Swagger 的配置类，最后在资产信息列表方法中通过追加相应的注解来增加说明。

【支撑知识】

1. Swagger 概述

慕课 9-6

Swagger 概述

在前后端分离的项目中，前后端是通过 API 进行交互的。那么前端开发者如何及时跟踪最新的 API，以防止前后端整合时问题集中爆发呢？Swagger 的出现为这一问题提供了很好的解决方案。

目前，Swagger 在企业中作为前后端开发对接的技术已经得到了非常广泛的应用，后端开发人员只需要根据 OpenAPI 官方定义的注解就可以把非常丰富的接口文档呈现给前端接口对接人员。并且接口文档是随着代码的变动实时更新的，同时提供了在线 HTML 文档辅助开发人员进行接口联调测试，这解决了技术人员写文档的烦恼，也提升了企业开发的效率，减少了沟通成本。

其常用注解如下。

- @Api 注解：作用在接口/类上，对接口/类进行描述。该注解包含以下几个常用属性。

  - tags：接口/类的说明。可以配置多个，当配置多个的时候，页面中会显示多个接口的信息。
  - value：如果 tags 没有定义，value 将作为@Api 注解的 tags 使用。

- @ApiOperation 注解：作用在类方法上，对方法进行描述。该注解包含以下几个常用属性。

  - value：指定方法名称。
  - notes：方法的备注说明。

- @ApiResponse 注解：作用在类方法上，用来对方法的一个或多个返回值进行描述，一般不会单独使用，常常和 @ApiResponses 注解配合使用。该注解包含以下几个常用属性。

  - code：指定 HTTP 的状态码。
  - message：对状态码进行描述。

- @ApiResponses 注解：作用在类方法上，作用和@ApiResponse 注解的作用相同，只有多个@ApiResponse 注解同时存在时才会使用该注解。该注解包含如下属性。

  - value：该属性的类型为 ApiResponse 数组类型，只能使用@ApiResponse 注解的形式进行描述，可以有多个配置值。

- @ApiImplicitParams 注解：作用在方法上，表示一组参数说明。
- @ApiImplicitParam 注解：用在@ApiImplicitParams 注解中，指定一个请求参数的配置信息。该注解包含以下几个常用属性。

  - name：指定参数名。
  - value：参数的汉字说明、解释。
  - required：指定该参数是否为必传值。

- paramType：指定参数的请求类型。其值可以是 header、query、path、body、form。
- dataType：指定参数类型，默认为 String 类型，也可指定其他类型，例如 Integer 类型。
- defaultValue：指定参数的默认值。
- @ApiParam 注解：用于方法中的参数，对参数进行说明。该注解包含以下几个常用属性。
  - value：对参数进行说明。
  - required：指定该参数是否为必传值，默认值为 false。
- @ApiModel 注解：作用在类上，对类进行说明。该注解包含以下几个常用属性。
  - value：指定 model 的别名，默认为类名。
  - description：对 model 进行详细描述。
- @ApiModelProperty 注解：作用在方法和字段上，是对 model 属性的说明。该注解包含以下几个常用属性。
  - value：对属性的简短描述。
  - required：指定该属性是否为必需值，默认值为 false。
  - example：属性的示例值。

2. knife4j 概述

knife4j 是 Java MVC 集成 Swagger 生成接口文档的增强解决方案（在非 Java 项目中也提供了前端 UI 的增强解决方案），前身是 swagger-bootstrap-ui，取名 knife4j 是希望它能像匕首一样小巧、轻量，并且功能强大。knife4j 具有以下特点。

文档说明：根据 Swagger 的规范说明，详细列出接口文档的说明，包括接口地址、类型、请求示例、请求参数、响应示例、响应参数、响应码等信息，使用 swagger-bootstrap-ui 能根据文档说明，对接口的使用情况一目了然。

慕课 9-7

knife4j 概述

在线调试：提供在线接口联调的强大功能，自动解析当前接口参数，同时包含表单验证功能，调用参数可返回接口响应内容、标头、Curl 请求命令实例、响应时间、响应状态码等信息，帮助开发者在线调试，而不必通过其他测试工具测试接口是否正确。

想要获取 knife4j 的更多信息，读者可访问其官网。

3. 使用 knife4j 编写接口文档

在使用 knife4j 之前，首先需要在项目中集成 knife4j，然后创建配置类。

【示例 9-4】使用 knife4j 来编写自定义接口文档。

① 在项目的 pom.xml 文件中引入 knife4j 的依赖包，代码如下。

```
<dependency>
    <groupId>com.github.xiaoymin</groupId>
    <artifactId>knife4j-spring-boot-starter</artifactId>
    <version>2.0.2</version>
</dependency>
```

② 创建 Swagger 的配置类，完成相关配置项，代码如下。

```
@Configuration
@EnableSwagger2
```

```
@Enableknife4j
@Import(BeanValidatorPluginsConfiguration.class)
public class SwaggerConfiguration {
    /**
     * 创建 API 应用
     * 通过 apiInfo 增加 API 相关信息
     * 通过 select 返回一个 ApiSelectorBuilder 实例，用来控制哪些接口暴露给 Swagger 来展现
     * 本例采用指定扫描的包路径来定义指定要建立 API 的目录
     * @return
     */
    @Bean
    public Docket createRestApi() {
        return new Docket(DocumentationType.SWAGGER_2)
                .apiInfo(apiInfo())
                .select()
                .apis(
RequestHandlerSelectors.basePackage("cn.js.ccit.controller"))
                .paths(PathSelectors.any())
                .build();
    }
/**
 *  创建该 API 的基本信息（这些基本信息会展示在文档页面中）
 * @return
 */
private ApiInfo apiInfo() {
    return new ApiInfoBuilder()
            .title("Swagger2 接口文档")
            .description("HELLO DEMO RESTFUL APIS")
            .termsOfServiceUrl("http://localhost:8080/")
            .version("1.0")
            .build();
    }
}
```

代码解释如下。

· @EnableSwagger2：为 Spring Boot 应用程序启用 Swagger2。

· @Enableknife4j：启用 knife4j 提供的增强注解，例如动态参数、参数过滤、接口排序等增强功能。

③ 在 HelloController 类和 User 类中添加 Swagger 的注解，代码如下。

```
@Api(tags = {"Hello 相关 API"})
@RestController
public class HelloController {
    @ApiOperation(value = "hello 方法",notes = "详细描述")
    @ApiResponses({
            @ApiResponse(code = 000000, message = "成功"),
            @ApiResponse(code = 500001, message = "系统繁忙")
    })
```

```java
@GetMapping("/hello")
public String hello(User user){
    return "hello"+user.getUsername();
}
@ApiOperation(value = "用户注册")
@ApiImplicitParams({
    @ApiImplicitParam(name = "username", value = "用户名",required = true,
paramType = "form",dataType = "string", defaultValue= "zhangsan"),
    @ApiImplicitParam(name = "password", value = "用户密码", required =
true,paramType = "form",dataType = "string", defaultValue= "123456")
})
@PostMapping("/register")
public User create(String username,String password) {
    User user = new User(1, username, password);
    return user;
}
@ApiOperation(value = "根据id查找用户方法")
@GetMapping("/find")
public User findUserById(@ApiParam(value="用户id",required = true) Integer id){
    return null;
}
}
@ApiModel(value="cn.js.ccit.pojo.User",description = "用户参数")
@AllArgsConstructor
@NoArgsConstructor
@Data
public class User {
    @ApiModelProperty(value="用户Id",required = true,example = "1006")
    private Integer userId;
    @ApiModelProperty("用户名")
    private String username;
    @ApiModelProperty("用户密码")
    private String password;
}
```

代码解释如下。

• @Api(tags={"Hello 相关 API"})：标识这个类是 Swagger 的资源，tags 属性将该类描述为 "Hello 相关 API"。

• @ApiOperation(value="hello 方法")：将 hello 方法描述为 "hello 方法"。

• @ApiResponses({

@ApiResponse(code=000000，message="成功")，

@ApiResponse(code=500001，message="系统繁忙")

})：对 hello 方法的返回值进行描述，返回 code 若为 000000，则表示成功；若 code 为 500001，则表示系统繁忙。

• @ApiImplicitParams({

@ApiImplicitParam(name="username"，value="用户名"，required=true，paramType="form"， dataType="string"，defaultValue="zhangsan")，

　　@ApiImplicitParam(name="password"，value="用户密码"，required=true，paramType = "form"，dataType="string"，defaultValue="123456")

　　}): 对 create 方法的参数进行说明。

- @ApiParam(value="用户 id",required = true): 对参数 id 进行说明。将该参数描述为 "用户 id"，指定该参数为必传参数。
- @ApiModel(value="cn.js.ccit.pojo.User",description="用户参数"): 对用户模型进行描述。
- @ApiModelProperty("用户名"): 将用户模型中的 username 属性描述为"用户名"。

④ 在 IDEA 中启动项目，在浏览器中访问 http://localhost:8080/doc.html，其接口文档如图 9-30 所示。

图 9-30　接口文档

【课堂实践】在 Spring Boot 中自定义图书 CRUD 操作接口，请使用 knife4j 来实现其接口文档。

慕课 9-8

任务 9.3 分析与实现

【任务实现】

请根据示例 9-4，在项目中导入 knife4j 的依赖包并创建好 Swagger 的配置类。在资产信息模块的资产信息列表 list 方法及相关类中添加的注解如下。

```
@ApiOperation(value = "资产信息列表")
@GetMapping("/list")
@ApiResponses({
        @ApiResponse(code = 000000, message = "成功"),
        @ApiResponse(code = 500001, message = "系统繁忙")
})
public ChorResponse<Map<String, Object>> list(@ModelAttribute SysAssetListReq req)
{
        return ChorResponseUtils.success(sysAssetService.list(req));
}
@Data
public class SysAssetListReq extends Pagination {
        private static final long serialVersionUID = 6343666510897205503L;
```

```
    @ApiModelProperty("资产名称")
    private String assetName;
    @ApiModelProperty(value = "资产编号")
    private String assetCode;
    @ApiModelProperty(value = "库存状态（1：在库；2：出库；3：报废）")
    private Integer inventoryStatus;
    @ApiModelProperty("资产所属部门")
    private Integer departmentId;
    @ApiModelProperty("部门[必传参数:登录接口返回的departmentIds]")
    private String departmentIds;
}
@Data
public class Pagination implements Serializable {
    private static final long serialVersionUID = 2176403433303652042L;
    @ApiModelProperty(value = "页")
    private Integer current = 1;
    @ApiModelProperty(value = "每页显示行数")
    private Integer limit = 10;
}
```

代码说明如下。

- @ApiOperation(value = "资产信息列表")：将 list 方法描述为"资产信息列表"。

- @ApiResponses({

@ApiResponse(code=000000，message="成功"),

@ApiResponse(code=500001，message="系统繁忙")

})：对 list 方法的返回值进行描述，返回 code 若为 000000，则表示成功；若 code 为 500001，则表示系统繁忙。

- @ApiModelProperty("资产名称")：对 list 方法传入的参数 SysAssetListReq 的属性进行描述，将 assetName 属性描述为"资产名称"。

在 IDEA 中启动资产管理项目的后端程序，在浏览器中访问 http://localhost:8097/doc.html，资产信息列表的接口文档如图 9-31 所示。

图 9-31　资产信息列表的接口文档

253

拓展实践

实践任务	请将某公司资产管理系统的后端打包成 WAR 包并部署到服务器上，完成前后端整合
任务描述	某公司资产管理系统是一个前后端分离的项目，其后端可打包成 WAR 包或 JAR 包。请先将系统前端部署到服务器上，然后将其后端打包成 WAR 包并部署到服务器上，完成项目前后端整合
主要思路及步骤	1. 在 IDEA 中，将某公司资产管理系统后端打包成 WAR 包； 2. 将 WAR 包上传到服务器 Tomcat 的相应路径下； 3. 启动 Tomcat，访问项目相应网址（http://服务器地址/asset），判断前后端整合是否成功
任务总结	

单元小结

本单元主要介绍了 Spring Boot 单元测试、使用 Maven 将 Spring Boot 项目打包成 JAR 包或 WAR 包并部署到服务器上，以及使用 knife4j 来生成系统开发文档。通过本单元的学习，希望读者了解如何使用 knife4j 进行在线接口调试，掌握测试用例的编写，能使用 knife4j 生成系统开发文档，以及熟练将 Spring Boot 项目打包并部署到服务器上。

单元习题

一、单选题

1. 由于 JUnit 框架已经发展多年，为了照顾旧项目，（   ）提供了兼容 JUnit 4.x、JUnit 3.x 的测试引擎。

A. JUnit Platform

B. JUnit Vintage

C. JUnit Jupiter

D. JUnit 5

2. 在 JUnit 5 中表示在当前类中的所有测试方法之前执行的注解是（   ）。

A. @Test

B. @AfterAll

C. @BeforeEach

D. @BeforeAll

3. 关于 knife4j，说法错误的是（   ）。

A. knife4j 是为 Java MVC 集成 Swagger 生成接口文档的增强解决方案

B. knife4j 前身是 swagger-bootstrap-ui

C. knife4j 与 Swagger 没有关系

D. knife4j 具有文档说明和在线调试的特点

4. 当有多个 @ApiResponse 注解同时存在时需使用的注解是（   ）。

A. @ApiResponses

B. @ApiOperation

C. @Api

D. @ApiModelProperty

5. 可以使用以下（   ）注解，对方法的作用进行描述。

A. @ApiResponses

B. @ApiOperation

C. @Api

D. @ApiModelProperty

6. 关于 JUnit 5 中的断言，说法错误的是（　　　　）。

A. assertEquals，判断两个对象或两个原始类型是否相等

B. assertSame，判断两个对象引用是否指向同一个对象

C. assertTrue，判断给定的布尔值是否为 true

D. assertNull，判断给定的对象引用是否不为 null

二、填空题

1. Spring Boot 为测试提供了一个名为_____的启动器。

2. JUnit 5 由_____、_____、_____模块组成。

3. @EnableSwagger2 注解的作用是为 Spring Boot 应用程序启用_____。

4. @Api 注解允许我们对自定义的_____进行描述。